U0284533

15 CONTENTS

FEATURES

OPENING

INTERVIEW

GUIDE

REGULARS

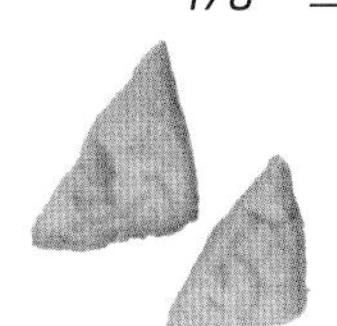

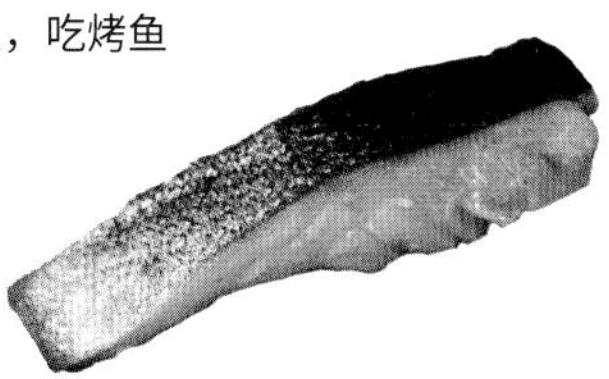

出版人 / Publisher：苏静 Johnny Su
总编辑 / Chief Editor：林江 Lin Jiang
艺术总监 / Art Director：TEAYA
内容监制 / Content Producer：陈晗 Chen Han

编辑 / Editor：陈晗 Chen Han 赵圣 Zhao Sheng
张婷婷 Zhang Tingting 罗玄 Luo Xuan
特约撰稿人 / Special Editor：Agnes_Huan 歡 Kira Chen Hoshikuzu
特约插画师 / Special Illustrator：大黑熊子 Dahei Ricky
思文 Siwen
品牌运营 / Operations Director：杨慧 Yang Hui
策划编辑 / Acquisitions Editor：王菲菲 Wang Feifei
刘莲 Liu Lian
责任编辑 / Responsible Editor：刘莲 Liu Lian
营销编辑 / PR Manager：那珊珊 Na Shanshan

平面设计 / Graphic Design：周末喷水池（From PT）
TEAYA（From PT） VV 茶一

图书在版编目(CIP)数据

食帖. 15，便当灵感集 / 林江主编. -- 北京：中信出版社，2017.2
ISBN 978-7-5086-7244-1

I. ①食… II. ①林… III. ①饮食—文化—世界
IV. ①TS971.201

中国版本图书馆CIP数据核字(2017)第002088号

食帖. 15，便当灵感集

主　　编：林　江
策划推广：中信出版社
出版发行：中信出版集团股份有限公司
　　　　（北京市朝阳区惠新东街甲4号富盛大厦2座 邮编100029）
承 印 者：鸿博昊天科技有限公司

开　　本：787mm X 1092mm 1/16　　印　　张：10.75
拉　　页：4　　字　　数：206千字
版　　次：2017年2月第1版　　印　　次：2017年2月第1次印刷
书　　号：ISBN 978-7-5086-7244-1　　广告经营许可证：京朝工商广字第8087号
定　　价：49.00元

06

07

06. | [曲木盒]

曲木盒的制作是日本传统手工艺。将一块薄木板弯曲成圆形，经过定形、干燥、黏着、编织、嵌底座等工序，要经过约半个月的时间，才能做出一个饱含心意的手工曲木便当盒。传统曲木盒的制作材料通常选用特殊的秋田杉，不上漆或抛光，保持木材的原始状态，为饭菜增添木材独有的香气。曲木盒的木片还能够吸收饭菜中的一部分油分和水分，使米饭保持弹性。

特点

由于曲木盒是木质材料，因此不能高温消毒、沸水蒸煮和浸泡，也不能放进烤箱、微波炉、洗碗机等厨房设备中。且由于密封性问题，曲木盒更适合盛放没有太多油水的日式菜肴，不太适合盛装汤菜。细长圆筒形的曲木盒则用来放酒瓶，一般在瓶口处套一两个酒杯，便于饮用。

07. | [竹条编织盒]

竹条编织盒和篮子很像，由于密封性较差，不能放有汤水的食物，即便是日式便当，使用时也需在里面铺一张油纸或蜡纸。竹条编织盒一般用竹条或竹栅手工编织而成。基本编织技法有 4 种，其中最常见的叫作“网代编”，编织细密，质量也很轻。

特点

竹条编织盒轻巧耐用，抗菌性和通风性都很好，适合盛装一些较干燥的食物，如饭团或三明治。由于竹条盒体积较大，没有设计隔断，因此需要给饭团包裹上保鲜膜，并用竹叶做一些分隔。如果必须盛装有汁水的菜，需单独放在小型密封容器中，再放入竹条编织盒内。

08

09

08. | [新式松花堂便当盒]

松花堂便当其实是怀石料理的一种，怀石料理非常讲究食材的新鲜度和上菜顺序，而松花堂便当却将怀石料理的精华，浓缩在一个小小的便当盒中。

特点

松花堂便当盒一般有四格，分别放置不同的料理。便当盒通常有两种形式，一种是传统松花堂便当盒，在正方形的盒子内部，用隔板十字分割成四个空间，器皿和食物一并放入其中；另一种则是因传统松花堂便当盒需要使用的器具过于繁杂，而直接在盒中设计出更多隔断，不仅节省了不少便当小物，也更便于携带和清洗，这种新式的松花堂便当盒多为树脂材质。

09. | [漆器便当盒]

漆是从漆树上割取的天然汁液，将漆涂在器物表面，不仅增添光泽美感，也能起到防腐防蛀等功效，有助于器物长久保存。这种工艺起源于 7000 多年前的中国，那时的人们就已认识到漆的性能，并用来制作器物，被称作“漆器”，后传到日本，影响至今。如今，漆器早已进入日本寻常百姓家，尤其是作为食器，常见于日本人的餐桌。日本作家谷崎润一郎曾写道：“漆器手感轻柔，不会发出刺耳的响声。我每次端起汤碗来，就感到掌心里承载着汤汁的重量。”

特点

漆器的美在于传统的圆融和感性的细腻，色彩厚重，手感柔和，发出的声响低沉温润。传统漆器外玄黑而内朱红，带有把手，方便携带。御节料理的重盒也有许多是漆器。漆器便当盒的优点是质感温润庄重，同时具有防腐、抗菌的功能，便于保存。但由于漆器较重，上班族通常会选择使用较轻质的便当盒，因此漆器便当盒多用于花见便当、幕间便当等较为郑重的场合。

对自己好的方式

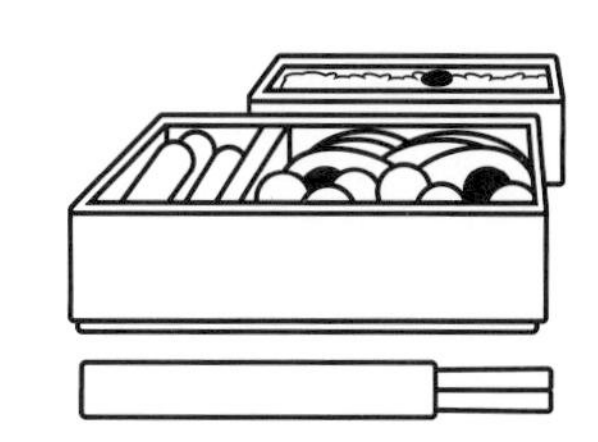

陈晗 | text

日本人做过关于普通上班族通常如何解决午餐的调查。其中，自己带便当的人达到 34%，其次是购买便当，再次是去员工食堂，第四才是外食。调查前两名都被便当承包，足以说明它是日本普通上班族的主流午餐方式。除了上班族，日本高中生也是自带便当的主要群体。常常会在日本影视剧里看到这样的画面：午间休息时间，两三个关系密切的高中生围坐在课桌边上，一起掏出便当盒，一起打开盒盖，第一时间看到自己盒中的食物后，马上窥向对方的便当盒，然后在彼此的赞美或调侃里，心满意足地吃完午餐。

便当文化之所以能在日本长盛不衰，自然是因为它具备太多的优点，尤其是自制便当。首先，它比一般外卖或外食更加健康、安全、令人安心。其次，它能节约金钱、食物以及餐具，是一种环保和可持续的生活方式。第三，便当其实就是将喜欢的食材，以喜欢的形式填满喜欢的盒子，它是一种美的创造，也是日常生活里一种微小的仪式感，不需要过人的才华，也能在便当盒里发挥创意。最后也是最重要的，一份便当最打动人的内容物不是食物，而是情感。当我们在享用母亲、恋人、朋友亲手为自己制作的便当时，当我们在享用自己为自己精心准备的便当时，一种被爱和呵护的感觉，会因面前这份便当而真实可感。可以说，每个人的记忆里都有一份便当。

如今，在欧美国家也有越来越多的人开始自带便当，便当的形式也不拘泥于“一个盒子+一份饭菜”，有时甚至不需要盒子，比如三明治、汉堡、玉米卷、墨西哥卷饼、蕉叶饭团等，都是使用烘焙纸、保鲜膜或保鲜袋来包装的便当。

早餐和晚餐通常无须吃便当，所以便当更像是全球人的午餐符号。如果一定要说便当有什么缺点，那就是它的制作和保存总是被认为比较耗时和麻烦。但其实，看完本书后你会发现，便当的制作与保存都有章可循，只要掌握技巧，轻松、快速地开启便当生活，完全不成问题。

INTERVIEWEE
受访人

※ 吉井忍 ※

居住北京的日本媳妇，曾在成都留学，在法国南部务农，辗转台北、马尼拉、上海等地。作为自由撰稿人，每日为先生准备便当，著有《四季便当》《东京本屋》等书。

※ 近藤奈央 ※

1982 年 6 月 9 日出生于日本德岛县神山町，现居住在老家。日本传统曲木便当盒爱好者，人气博客“曲木便当盒的每天”博主。主要工作是以食物摄影师的身份举办演讲、开设摄影培训班。

※ 泽田里绘 ※

日本东京人，1997 年移居北京。职业料理人，日式创意菜老师。

※ 吴绣绣 ※

从 OL 毕业成主妇，身体里天生自带白羊座小马达，每天产生蓬勃的劲头和想法用于家庭诸事。喜欢待在厨房里体会四季变化。

※ 柴田昌正 ※

曲木盒职人、柴田庆信商店现任董事长。1973 年出生于日本秋田县大馆市，1998 年入行，2010 年就任柴田庆信商店董事长，2012 年获得日本传统工艺士认定，其作品多次荣获“Good Design”奖。

※Thomas Bertrand（托马斯 · 波特兰）※

Bento & co 品牌主理人，生于法国里昂，毕业于日本京都大学，后移居京都。2008 年创立便当盒专卖店 Bento & co。

※ 中村祐介 ※

日本饭团协会总代表。他认为饭团是山海之味完美结合的日式慢食，也是日本文化和智慧的结晶。从 2013 年日本饭团协会创立至今，中村一直致力于全世界范围内的饭团文化推广。

※Yasuyo※

IG 博主（@KOKORONOTANE），现居住在日本京都，是一位人气颇高的便当达人。

※Jun※

IG 博主（@jun.saji），热衷制作男子汉三明治和饭团的日本家庭厨男。

※ 广松美佐江 ※

日本摄影师，目前住在北京，和朋友一起经营着一家摄影公司。

WRITER
撰稿人

※ 张春 ※

一个因常常生病不得不屡获成功的人，一个满怀深情的失败的发明家。目前的职业是著名冰激凌师和“犀牛故事”App 主编。已出版作品集《一生里的某一刻》。

※ 野孩子 ※

高分子材料学专业的美食爱好者，“甜牙齿”品牌创始人。

※ Kakeru ※

美食与摄影爱好者。

※ 陈椿荣 ※

新加坡华侨，美食博客“XLBCR”博主，美食摄影师，食物造型师，咖啡师。

※Hana※

南方女生，喜欢给自己和家人制作料理。与好友卤猫合著有《吃早餐彻底改变了我》。

※ 姗胖胖 ※

程序员、美食网站认证厨师、料理师、自由撰稿人。平日喜欢与友人相聚，在家中分享自制美味。

※freeze 静 ※

从后期合成师转行成为料理师，美食网站认证厨师，猫奴。目前也在经营一个美食公众号。平时喜欢制作并研究创新料理，曾连续五年坚持带便当上班。

INTERVIEW

记忆里
总有一份便当

陈立珺 | interview
陈晗 | edit

Erica Huang

北京“从农场到邻居”农夫市集创始人。

食帖：请先说说你的职业和生活。

Erica Huang：我是一个环保爱好者，我的工作是专注于推广可持续生活方式，以及探索食物与人和自然之间的关系，所以我在北京组织了“从农场到邻居”的农夫市集。起初，只是希望通过个人的微小力量，来为自己寻找一些安心可靠的食物（我是过敏性体质，皮肤状况在北京变得很恶劣），经过两年的时间，现在市集有了一个小小的四人团队，以及一个温暖的志愿者和商户大家庭。我们每周固定组织农夫市集，策划有趣的有教育性质的活动，让大家了解我们天天在吃的东西到底是从哪里来，认识那些辛苦种植的农夫，甚至到农场劳动来认识食物。我们也支持那些在用传统或手工的方式制作产品的工匠，他们做出的东西有温度并且持久，跟工厂生产的消耗品不一样。我很喜欢我的工作，因为可以接触到很多很棒的人，他们都在用自己小小的力量坚持做一些事情，希望能让自己周遭的世界变得更好。

食帖：谈谈你对“便当”的理解。

Erica Huang：提起便当就想到妈妈。小学的时候，我妈因为不放心我吃学校的“营养午餐”，天天中午给我送便当，当时不懂事，拿到妈妈做的便当后我还会跟同学“交换”他们吃的东西。小时候不听话，老爱吃外面的垃圾食品。现在知道了那些食品的质量之后，才知道妈妈是多么费心，那么麻烦还要天天为我做便当，真希望当时能更珍惜一些。所以在我看来，便当就是“家”的感觉。

食帖：工作日午餐通常怎样吃？

Erica Huang：在给市集寻找办公室的时候，特地找了一间商住两用的房子，这样就有厨房可以自己做饭。以前上班的时候是带便当，通常要前一天晚上准备好，有些麻烦，但不这样就只能吃外卖，而当时身体并不好的我还是决定带便当。那时候，我就梦想着办公室里能有间厨房，并且午休期间能被允许好好做顿饭。现在我们市集团队四个人，几乎天天中午轮流做饭，用的食材都是周末在市集上向熟识的生产者购买的，每一道菜都像是人家特地种给我们吃的，谁家的鸡、谁家的豆腐、谁家的鱼丸，我们都叫得出名字来，而且用最好的食材做饭给四个人吃，不仅更均衡健康，还比在外面吃便宜很多！一起做饭、吃饭的过程也特别有助于增进团队感情，即使工作很忙，我们中午也会好好做饭、吃饭。虽然不是便当，但也算是家庭手作，哈哈！

食帖：吃过的最难忘的便当是什么样的？

Erica Huang：有一段时间，我在遵循“穴居人饮食法 (Paleo diet)”，就是不吃谷物，而吃很多蔬菜、根茎类与蛋白质食物。那时还在上班，每天自己带便当。中午当我把便当盒打开的时候，同事都觉得我是怪胎！因为我的便当里有时就是一块大牛排、绿色的菜和橘色的南瓜，没有饭也没有面，它是彩色的！当时我还没意识到，自己已经在实践英国大厨 Jamie Oliver（杰米 • 奥利弗）提倡的“Eat the rainbow（彩虹餐）”了。

王怡冰

活动／媒体／视频 策划制作人

食帖：请先说说你的职业和生活。

王怡冰：最近一年旅居纽约，正在策划筹办以及寻找更多有趣的项目。生活状态很自由，兴趣爱好是冲浪，以及去纽约地下爵士酒吧看现场爵士乐表演。

食帖：谈谈你对“便当”的理解。

王怡冰：与以往相比，现代人对便当的理解更加广义了。除了精心制作的传统便当以外，便当可以是前一天吃过的剩饭，可以是便利店生产的盒饭，也可以是某个餐厅的外卖。你会发现不管是什么形式的便当，“饭”已经变得没那么重要了，重点在于去哪吃、和谁吃。对我来说，吃便当是一种对独立以及自由生活的选择，就好比一个属于你自己的“移动餐厅”。你可以独自一人在公司的沙发上边看手机新闻边吃，也可以选择和几个点了外卖的同事扎堆儿一起吃，还可以坐在室外边晒太阳边吃。如果你怕跟别人一起吃饭或者是不想去人多的地方点餐，那也可以带上你的便当去厕所吃！（虽然不鼓励，但这确实是日本奇怪的社会现象之一）
总之，吃便当的形式灵活多变，特别能满足现代人的生活需求。

食帖：工作日午餐通常怎样吃？

王怡冰：各地的“工作餐文化”差异很大。我在日本工作期间，因为生活和工作的节奏非常快，“15 分钟午餐”是常有的事情。所以那时候经常自己带便当，或者去公司附近的便利店买便当。在气味不干扰他人的前提下，很多人习惯在自己的办公桌上独自享用。

然而，回国后的两年多里，真的让我体会到了中国“民以食为天”的饮食文化。每到中午，大家会提前半个小时开始微信联络午餐地点，通常都是要好的几个同事一起出去小“搓”一顿。大家都把午餐看成是一段很重要的、值得期待的、令人放松的独特时光。说实话，我当然更喜欢这样！后来到了纽约，路边的餐车就是白领男性的午餐餐厅，买点东西随便找一个地方坐下就吃。而白领女性一般是找个供应沙拉的地方吃些“草”。我因为时间自由，到了纽约后基本上每一餐都吃得很好，找一家时髦的餐厅，独享他们全天候的早午餐。

食帖：吃过的最难忘的便当是什么样的？

王怡冰：那还是在日本留学期间，我和同校政治经济系和法律系的另外两名日本男同学，一起成立了一个叫作 wabisabi 的社团，我们的口号就是“大家一块儿吃便当吧！”。每次组织活动的地点都不同，有时候在教室里，有时候在学校公园的草地上，或者是礼堂外的台阶上。最多的一次有 50 多人参加！大家围坐在一起，边吃边聊，结交新朋友。

食帖：请先说说你的职业和生活。

Amilus：我是全职博主，从时尚街拍开始写博客，现在也写写生活和旅行，同时也是室内造型及摄影爱好者，只要有相机、电脑、网络就能工作。我喜欢老物件混搭现代极简风格，还喜欢动物。这几年一边旅行一边工作的时间越来越长，但也很喜欢窝在家里。

Amilus

住在巴黎的全职博主。

食帖：谈谈你对“便当”的理解。

Amilus：老实说，除了小时候上学时带过便当，从十五岁开始就再也没有固定的吃便当习惯了。一直到大学在日本求学，以及后来多次长时间搭火车旅行时，才爱上了日本的“駅弁”（铁道便当）。在上飞机前也会多买几个鱼子酱饭团拎上飞机，以免食用通常味道不怎么样的机上餐点。

食帖：工作日午餐通常怎样吃?

Amilus：因为是在家工作的自由职业者，工作日的午餐不是胡乱弄点什么，就是在喜欢的咖啡厅边吃便餐边工作。最近一次的便当记忆，大概是在日本新干线上吃到的北陆新干线造型的火车寿喜烧便当了吧。噢，还有在富山车站匆匆买下的笹寿司，坐在开往高山的巴士上享用，带着柿子叶清香的寿司米令人十分难忘

食帖：吃过的最难忘的便当是什么样的?

Amilus：有次住在飞騨（日本地名）高山上的温泉旅馆，隔天早上享用早餐前，会有“自行捣米”的捣糯米活动，捣完了才能吃早餐。后来在离开旅馆下山前，旅馆的老板将我们早上捣好的糯米捏成了饭团，包在叶子里，让我们在下山的巴士上吃。自己亲手参与制作的饭团，很难觉得不好吃呢。

食帖：请先说说你的职业和生活。

烟囱：目前的职业就是画画，和画廊合作销售一些画。平时大部分时间在家待着，偶尔出去看看展览，或去超市和公园走走。

烟囱

画家。

食帖：谈谈你对“便当”的理解。

烟囱：便当是很方便的能随身带走的食物。

食帖：吃过的最难忘的便当是什么样的?

烟囱：记得高中的时候，下午放学后晚上还有晚自习，间隔的时间很短，所以晚饭大家一般在学校吃点面包和泡面就解决了。但是我们班有个同学，总是带晚饭的便当，是他阿姨做的，可能怕吃泡面营养跟不上，常常给他做一些好吃的饭菜，装在一个不锈钢饭盒里，因为当时很馋，加上想逗他玩，我总是偷吃他带来的盒饭，等他发现时都吃了快一半了。高中时除了午餐回家吃，早餐晚餐大家经常会在学校一起分享带来的食物，有时候放了晚自习后，大家还会一起吃夜宵。可能高中的学习生活太压抑了吧，这种快乐的事情记得特别牢。

食帖：工作日午餐通常怎样吃?

烟囱：因为在家工作，午餐就在家解决，做点炒面、煮面什么的，我爱吃面条。好像没带过便当，即使出门，也是在外面的小饭馆解决。

Features
Interview

近藤奈央

便当是让生活变得惬意的工具

Hoshikuzu | interview & text
近藤奈央 | photo courtesy

对习惯了大都市生活的年轻人来说，放下一切回老家生活，需要勇气和冲动。近藤奈央也是如此。身为“80后”的她原本与丈夫在东京过着忙碌的生活，工作的繁忙充实相对应的是空闲时间很少。“很多时候两人之间每天的对话仅限于‘早上好’和‘晚安’。”近藤在自己的博客中写道。虽然大都市的生活有其独特的快乐，但她渐渐开始觉得那不是她真正想要的。而在那之后，2011年东日本大地震的发生以及地震后的生活，让她郁结于心。最终，她和丈夫决定回老家生活。

PROFILE

近藤奈央
1982年6月9日出生于日本德岛县神山町，现居住在老家。日本传统曲木便当盒爱好者，人气博客“曲木便当盒的每天”博主。主要工作是以食物摄影师的身份举办演讲、开设摄影培训班。

①
茹でとうもろこし
煮玉米粒

②
茹でじゃがいも
煮土豆块

回到故乡德岛的她空闲时间变多，以此为契机，她开始抱着记录的初衷，将平时做的便当拍了照片上传到博客上。家庭主妇开设博客分享烹饪、育儿心得，这在日本是非常普遍的一件事。近藤的博客最大的特点是，她使用的便当盒是日本传统的“曲木便当盒”，博客名也很直接地突出了这一特点——“曲木便当盒的每天”。博客的主要内容分为两大部分，一部分记录的是她自创的曲木便当食谱，另一部分则是跟曲木便当盒有关的一切，其中有她总结的有关曲木便当盒使用和保养的小窍门，有她在线下举行的曲木便当盒主题野餐的活动报告，还有她到高知、秋田等地探访曲木便当盒制作工厂的体验分享……一篇篇博文中满溢着近藤对曲木便当盒的喜爱，而精美的照片也让人感受到了曲木便当盒为近藤的生活带去的美好。

③
きゅうりと紫玉ねぎの塩もみ
盐渍黄瓜紫洋葱

④
神山鶏の塩焼き
盐煎鸡肉

几年的便当博客经营还让近藤有了另一个收获：她拍摄料理照片的水平越来越高，现在已经在以摄影师的身份开设培训班了。从一开始对曲木便当盒的嫌弃，到现在便当盒已经成为她生活中不可或缺的一部分；从一开始拍出的平淡无奇的便当照片，到现在拍摄水平得到了质的飞跃。有关她和曲木便当盒的一切，近藤和我们分享了很多。

⑤
キャベツのソテー
炒卷心菜

⑥
紫玉ねぎの甘酢漬け
甜醋渍紫洋葱丝

INTERVIEW

食帖 × 近藤奈央

食帖 ※ 你们夫妇二人原本住在东京，后来才搬回老家德岛，能不能简单介绍一下现在的生活呢？

近藤奈央：我原本和丈夫两人生活在东京，每天的工作、生活都很繁忙。明明住在一起，却很少交流，甚至有时一整天都说不上一句话。做料理和拍照也只是我当时生活中的小爱好。2011 年日本发生了大地震，这件事过后，我开始重新审视我此前的生活方式。人不知道自己什么时候会死，我决定住到自己想住的地方，做自己喜欢做的事情。搬回老家生活之后，我开始将自创的食谱和自己拍的料理写真发到博客上，慢慢开始有很多工作找上了我。我现在的主要工作是拍摄料理写真、开培训班教大家如何拍摄，以及网页制作。人嘛，努力去做的话总会得到些什么（笑）。

食帖 ※ 每天都会做便当吗？便当对你来说意味着什么？

近藤奈央：大概一周中有三次，外出开会或拍摄的时候会做便当。有时即使没有外出的计划，我也可能会做了便当在家里吃。早上提前做好，等到中午只需倒杯热茶便可以马上吃饭，非常方便。我觉得便当是使我们每天能惬意生活的一种工具。做便当的时间、吃便当的时间以及拍摄便当写真的时间，它们组成了我生活的轴心。

食帖 ※ 能否分享一下你与曲木便当盒之间的渊源？

近藤奈央：当然可以！在我读小学的时候，因家庭旅行而去了飞驒，妈妈在那儿给我买了一个曲木便当盒。当时她说：“用了曲目便当盒，即使到了夏天，米饭也不会腐坏变质，非常好用喔！”便让我用起了这个便当盒。但是，对小学生的我来说，这个便当盒的外形实在是太朴素、太土气了，我非常不想让朋友看到我用这样的便当盒，于是没过多久便将其束之高阁了。

时光渐渐流逝，当我工作的时候，忽然想起了那个便当盒，便拜托妈妈把它找出来带给了我，从那之后我便一直用着它。在繁忙的工作生活中，唯一能让我放松心情缓口气的，便是打开曲木便当盒时那短暂的片刻。松软的米饭和美味的小菜，手指触碰到曲木便当盒时的温柔触感，还有深夜归家清洗便当盒的时光，都能在我感到疲惫或是碰到难题的时候给予我鼓励。一直陪伴在我身边的曲木便当盒，是我生活中不可缺少的一部分。

食帖 ※ 从起初只是自己做便当，到开设“曲木便当盒的每天”这个博客和大家分享有关便当的生活，中间经历了怎样的过程？

近藤奈央：在我还是个专业的家庭主妇时，就开始写便当博客。因为每天要给丈夫做便当，也就顺便给自己做了，我想着以拍照片上传的形式可以代替写日记来保存，于是就开始写博客了。最初完全只是为了自己记录而更新博客，到后来，我慢慢开始研究怎样把照片拍得更好看，还会同给我写评论的网友进行交流，并乐在其中。于是我就决定做一个分享曲木便当盒优点的网页，经过不断改良进步，便成了现在的状态。

制作方法很简单的烤鸡腿肉紫玉米红薯便当。

近藤喜欢依据时令来做便当，比如秋天时，她就会做栗子饭便当。

近藤偶尔会组织一次便当野餐大会，和好朋友一起找个风景怡人的地方，一边吃手作的便当，一边分享生活上的灵感。

食帖 ※ 这么多年来你一直使用曲木便当盒的理由是什么?和其他便当盒比起来，曲木便当盒有哪些优点和缺点?

近藤奈央：我觉得有三个原因。第一，用曲木便当盒盛装的米饭很美味。木头会吸收刚烧好的米饭中多余的水分，等到中午的时候，便会形成恰到好处的松软口感。第二，曲木便当盒中的菜看起来很美味，让人很有食欲。即使是很简单的菜品也会显得很好看，我觉得这一点非常适合工作繁忙的人群。第三，使用者会被木质便当盒的手感治愈。在大都市生活、工作，每天被键盘、金属之类的无机物包围着，在这种时候，木头的温柔触感刚好可以平衡一下过于机械的氛围。

缺点的话，我觉得正因为曲木便当盒是用非常自然的材料制成的物品，在干燥和清洗方面必须小心谨慎，需要多费心思。如果有人觉得这也是其魅力之处，那就一定能很享受地使用它了。

食帖 ※ 你的博客中出现过好几个不同的曲木便当盒。能介绍一下平时用得比较多的便当盒吗?

近藤奈央：我经常使用的便当盒有两种。一种是椭圆形便当盒，容量有 500 毫升，尺寸为 9.5 厘米（长）×18.5 厘米（宽）× 4.5 厘米（高），非常适合装盐烤鲑鱼和炸虾等形状细长的菜。另一种是圆形便当盒，容量有 600 毫升，尺寸为 14 厘米（直径）×5 厘米（高），用来做盖浇饭之类的便当很方便。

食帖 ※ 使用曲木盒便当盒时，或是平时对便当盒的保养方面，有什么需要注意的要点吗?

近藤奈央：我觉得各有一点可以谈谈。首先是保养方面，在清洗完便当盒之后一定要将其充分干燥，不留残余水分。若没有充分干燥就使用的话，便当盒可能会发霉。条件允许的情况下最好将其干燥通风一整天。在使用便当盒时，要注意可能会有菜汁漏出来。由于木质便当盒没有密封性，最好避免放入汁水很多的菜，在携带的时候也要小心。

食帖 ※ 在早上时间有限的情况下做便当，有没有什么特别的技巧?

近藤奈央：这种情况下做盖浇饭便当很方便!仅仅是在米饭上放好事先做好的菜、咸菜和煎鸡蛋，就变成了一份便当。稍稍做点东西就能看起来很好吃，这便是曲木便当盒的优势所在。沙拉和汤只要到便利店去买就行了，不必过分追求完美做好所有菜，我觉得这也是一个技巧。

食帖 ※ 可以分享一道你喜欢的便当料理食谱吗?

近藤奈央：那我就介绍一下凉拌烤鲑鱼的食谱吧，在我发布的电邮杂志（mail magazine）中作为“基本食谱”公开过。这道菜和米饭很配，并且可以衬托出曲木便当盒的优点。

只要有一块美丽的风吕敷，就无须再买便当袋了。

食帖 ※ 看到你博客中七年前与现在拍摄的食物照片对比，实在太让人吃惊了。能不能分享一些拍摄美食的窍门？

近藤奈央：想分享给大家三个要点。第一点是光的方向。就像从食物的对面一侧往食物跟前插入一样，影子朝着自己的方向来就没什么问题了。第二点是光的类型。从窗外射进来的光、房间里电灯的光、电视机的反射光……如果有各种各样的光线混合，就无法正确展现出料理的颜色。可以试试关掉房间里所有的灯，只借助自然光来拍摄。仅仅如此，便可以拍出非常具有透明感的照片。第三点是在拍摄写真前用语言将其表现出来。“松脆”“浓厚”“今天的煎鸡蛋做得很好”等，一个词、一句话就可以了。如果想通过照片表现太多东西，这个也想，那个也想，最终呈现出的照片就会变得很模糊，没有重点。比如想突出的是煎鸡蛋，那就把煎鸡蛋放在便当中最显眼的位置，放在合适的光线下，对好焦，这样就能拍出主次分明的照片。

近藤用凉拌烤鲑鱼制作的便当。

RECIPE

凉拌烤鲑鱼

Time 30min ♥ Feed 1

食材 ◇◇◇◇◇

鲑鱼 ……………………………… 1片
酱油 ……………………………… 1大匙
味啉 ……………………………… 1大匙

向曲木盒里装米饭时要注意两点：1. 曲木盒一定要是干燥的。2. 待装入饭盒的米饭彻底冷却后，再装入其他配菜。

做法 ◇◇◇◇◇

① 用平底锅或烤鱼架将鲑鱼烤得恰到好处。
② 将酱油和味啉混合后，浇在烤好的鲑鱼上，让鲑鱼被其充分浸透，待冷却即可食用。

制作很简单的烤鸡腿肉紫玉米红薯便当。

泽田里绘

便当曾是我的必需品，如今是我的作品

张婷婷 | interview & text
鹿狍子 | photo courtesy

泽田里绘于 1997 年移居北京，最开始学习与艺术相关的专业，后来因为兴趣开始了料理师之路。虽然现在的中文依旧不太熟练，但是谈起以前的北京，泽田能够说出很多有意思的故事。“快 20 年了”，泽田多次发出这样的感叹。

她是一个爱恨分明的人，聊天的过程中，问到喜欢的和讨厌的东西，她都能快速地回答。说到开心的时候会没什么顾忌地大笑；说到有意思的东西，又会按捺不住想要分享的心。

“不如就做能和朋友一起分享的大份饭团吧！”

“今天做什么便当呢？”

“点缀可爱的装饰，他们一定会喜欢！”

“家里正好还有很多米饭”。

FEATURES | INTERVIEW

PROFILE

泽田里绘
日本东京人，1997 年移居北京。职业料理人，日式创意菜老师。

她形容自己有着日本人的典型性格——不给别人添麻烦，因为从小接受的教育就是这样，现在即使有小病小痛一般也不会说出来。但是泽田又和传统的日本人不太一样，这种不给人添麻烦的性格还没做到极致，自己实在无法解决的情况下，还是会求助别人的。这样随性一些，是最好的状态，“人的一生也就八十年左右，一定要开心地过”，泽田说。

泽田很满意自己的生活状态，目前，她以日本创意菜老师的身份活跃着，憧憬着即将开始的工作室，也在不断地传播着自己的饮食理念，“食育”就是其中很重要的一点。食育，也就是以食物育人，这种教育方式在日本已经彻底普遍。“食育”不仅仅是单纯地学习理论知识，更多的还是实践活动，理念融于日常，让孩子从小了解什么是真正的食物、食物来自哪里以及吃的意义等。“在日本，其实食育体现在很多方面，比如妈妈做的便当，小朋友必须吃完，这是他们从小就懂的道理，当然日本的妈妈也很辛苦，会为此付出更多的精力研究有趣的便当，让孩子吃得开心”，泽田解释说。

“You are what you eat”是泽田一直坚持的座右铭，她认为现在的人很容易忽略三餐饮食。外卖的选择多了，其实相对来说人们的选择也少了，因为健康的外卖食物并没有那么多，并且重油重盐让所有的食物看起来都差不多。“做饭是一种很原始的行为，只有人能够做饭，只有人才会产生各种饮食文化，不仅仅是日本菜健康，其实所有的家常菜都很健康，但是大部分的人都不太愿意亲自去做。吃饭不仅是为了吃饱，还要吃好，吃得健康。食物不仅会影响你的身体，还会影响你的心理状态，比如日式便当倡导的‘应季而食’就是很重要的，但这也是常常被我们忽略的”，泽田说。

泽田的童年是幸福的，她认为现在自己的厨艺就是受到母亲潜移默化的影响，“妈妈从来没有上过一次美学课，但是在便当制作上却一点都不含糊，设计了各种有意思的元素在里面。比如冬天因为没有什么蔬菜，她就会在上面放一点绿叶，我问她这是为什么，她回答说‘好看呗’”，泽田回忆道。影响泽田从艺术专业转为与食物相关职业的不仅仅是她的母亲，因为小时候生活在长崎，家里的蛋糕店是当地的第一家，展示蛋糕的玻璃柜前大家好奇的脸，以及面对食物发出的由衷赞叹，一直是泽田心里最美好的记忆，她感慨道：“现在的人过于压抑自己的情感，面对食物，即使觉得好吃，也要表现得很酷，不会再有特别惊讶的表情，我更希望大家吃到我做的食物，也会产生这种由衷的赞叹。现在的自己开始明白父母为什么能够坚持做那么多年的蛋糕，因为看到人们吃自己做的东西是一件很开心的事情。人的一生，不会是顺顺利利的，有各种辛苦，但是支撑这些辛苦的那一点点喜悦才是人生真正的意义啊！”

泽田目前还在教授便当制作的课程，对她来说，便当曾经是她的必需品，但是来到中国以后，便当更像是一件作品，虽然现在也会制作便当，但是并没有真正发挥便当的功能性，更多的是因为便当好玩，才会做来吃。偶尔朋友上门拜访，泽田就会准备一些便当，使用不同的食材搭配，制作完成后再裹上风吕敷，大家打开之后都会很惊喜。

参与泽田的便当课程的人年龄主要在30~40岁之间，因为人们对日本料理有着固有的印象——健康、原汁原味，所以大家更喜欢跟着日本老师来学习。“他们的经济水平都不错，基本都有出国经验，或者曾经长居国外，或者去学习、旅游，一般学完课程，学生们都会尽快地运用到自己的日常饮食中去。比较有意思的是之前有专门来上课的单身男性，他特别喜欢下厨，中西餐都会了，于是就来学习日本料理。其实现在‘便当男’很普遍，很多上班族男性都会自己制作便当，在对男孩的教育中，母亲也会教授一些相关的知识。在以前或许认为男性不能下厨房，但是现在不一样了，作为一种生存技能，不管男女，都是应该学习的”。

*便当男：自2008年世界金融危机爆发后，很多日本单身男性不再热衷金钱游戏，而是对俭朴生活发生了浓厚兴趣，在“省钱第一”的口号下，“便当男”应运而生。原本只做学生便当盒生意的日本各大百货公司，开始为日本男性上班族设计了看起来很酷且携带方便的便当盒。男人进厨房，在日本不再是丢脸的事。而且，“便当男”继“三低男”之后，曾一度成为日本女性的热门恋爱类型。（资料参考维基百科。）

INTERVIEW

食帖 × 泽田里绘

食帖 ※ 在你的成长过程中，有什么关于便当的美好记忆吗？

泽田里绘（以下简称为“泽田”）：没有什么特别的记忆，但是我从小就很喜欢三文鱼梅子饭团。小时候不管是春游、秋游还是别的活动，妈妈都会给我准备这种饭团。现在每次从东京回北京，还是会央求妈妈给我准备三文鱼梅子饭团。后来我也尝试着做过这种饭团，但很遗憾的是，我从来都做不出妈妈做的那种味道。

食帖 ※ 梅子是日本便当中比较常见的食材吧？

泽田：是的，梅子放在饭盒里，很像日本的国旗，所以这种便当一般被叫作“日の丸”，也就是国旗便当。日本的梅子是很酸、很咸的，还有杀菌的作用。以前，没有那么多食材选择，一般就会在米饭中间放一颗梅子，非常下饭。日式梅子很容易保存，有些可以保存 10 年甚至 20 年。这种梅子虽然看起来很简单，但其实每个家庭的味道都不一样，和中国的饺子是一个道理。不过现在很少会有人家专门做梅子，即使做的话也不会做那么酸咸的，而是口感上带有一点儿甜丝丝的感觉。

食帖 ※ 是从什么时候开始学习制作便当的？

泽田：小学五六年级就开始自己学着做了，但是做的东西基本都是妈妈之前做过的，自己在旁边慢慢地学会了。从这点可以看出，父母对孩子的影响是体现在日常中的，现在一些父母偶尔带孩子去上比萨课什么的，其实作用不大，真正的教育是要贯彻在日常中的。比如妈妈平时做的菜，对孩子来说是最好的教育，他们在吃在看，也在不断学习。

食帖 ※ 一年四季，会如何安排自己的便当？

泽田：一般春天会吃菜花、春笋这些，在日常的饮食中，樱花一般是不会放入便当的；夏天会放梅子；秋天会做栗子饭，放松茸；冬天的选择相对少一些，一般会做烤饭团便当这类比较热乎乎的食物。

食帖 ※ 在日本吃过最有特色的便当是什么？

泽田：日本的特色便当实在是太多了，但是让我记忆犹新的就是“峠の釜饭”，“峠”就是山顶的意思，这是火车便当中的一种，在日本的名气非常大。便当外形很有特点，使用了日本的益子烧作为便当盒，里面装入风味食物。

另外日本过年的“御节料理”也值得一提，因为每年只能吃到一次，所以都会做得很豪华，价格不菲，讲究也比较多。

每次制作便当之前，泽田都会先在纸上设计好雏形，然后再进行制作。

食帖 ※ 在日本，便当是一种怎样的存在?对你来说呢?

泽田：是生活的一部分，应该没有日本人没吃过便当，但是每个家庭的味道又都不一样。来到中国以后，作为自由职业者，便当不再是必需品了，对现在的我来说，便当更像是我的一件作品，在家里做了但不一定会实现其功能性，而仅仅是为了想做而做。

食帖 ※ 不仅是日本，目前全世界都在流行便当文化，比如说台湾的便当，你觉得和日本便当有什么区别?

泽田：台式便当和日式便当的差别还是挺大的，比如说台湾的便当一般都会把饭和菜直接放在一起，而在日本则会完全不同。日式便当里的米饭和菜必须分开放，即使是在一个便当盒里，也会整齐地隔开。

台湾和日本都有火车便当，但是台湾的火车便当大家更倾向于坐火车的时候吃，而日本的火车便当因为添加了很多当地的风味物产，人们甚至会为了吃火车便当而专门去坐火车。比如东京的火车站，有太多专门卖便当的地方，眼花缭乱的，几百个种类。最近几年，我有专门去研究火车便当，每次回日本都会买上七八个，但是七八个怎么会够呢?另外，火车便当的价格也很贵，最低的要 50 元人民币，贵的话大概在 120 元左右。火车便当在外形上也会做得比较有意思，比如便当盒是新干线的模型，打开之后，里面就是饭。

食帖 ※ 对于上班族来说，有什么关于制作便当的建议吗?

泽田：早晨的话，最好能在半个小时之内完成。对上班族来说，一般便当中的菜不会现吃现做的，都需要提前准备。建议上班族周末准备好一周的配菜，比如水煮青菜，煮过之后，分好量，放入冰箱就可以了。肉类的话我推荐肉燥，这个是最容易保存的，冰冻一个星期是没问题的。

隔夜菜的保存是很重要的，首先菜一定要彻底煮熟，然后等到彻底凉了再放入冰箱保存，第二天稍微加热一下即可。但是第二天装盒时，一定要等饭菜彻底凉了再盖上盖子，因为 40°C左右最容易滋生细菌。最后做的时候味道一定要浓一些、咸一些，这样利于保存，即使凉了口感也会不错。比如日本的“室温冷饭”，做之前，都会考虑好如果凉了是否会好吃。

食帖 ※ 有什么关于便当摆盘的秘诀吗?

泽田：先把固定形状的食物放入便当盒中，最后再放可以改变形状的。一般有肉的话，都会再放入黄色或绿色蔬菜，不仅仅是为了好看，更多是从营养上来考虑的，因为黄绿蔬菜的维生素含量更高一些。

01

—泽田的**便当工具推荐**—

便当盒篇

日本的便当文化发展成熟，便当盒也是多种多样，主要分为单层、双层以及多层，细分的话则有各种功能的，比如保温、保冷、焖烧等。泽田老师因为开设了专门的便当课程，所以家里常备各种样式的便当盒。

01 | Hakoya

这款便当盒由日本 Hakoya 推出，属于细长型的双层便当盒，颜色鲜亮可爱，树脂材料，适合微波加热。Hakoya 是日本著名的便当工具品牌，主要销售便当盒和一些简单的便当制作辅助工具。

02 | 日本传统多层便当盒

这款日本传统多层便当盒一般用于多人就餐，比如外出野营或者参加节日祭典等，主要用来盛放寿司或者饭团等。

03 | Monbento

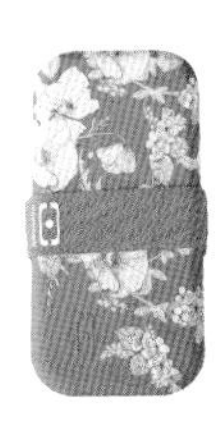

这款便当盒是由法国 Monbento 推出的，属于双层便当盒，分隔层有硅胶帽，便于释放蒸汽和压力，盒外有加固带，盒体使用 PBT 材质，手感上更加柔软，可以微波加热。Monbento 的创始人 Emilie Creuzieux 是日本文化的爱好者，便当文化在欧洲日渐发展，但是却没有相关的便当工具品牌，因此 Emilie 从生活中寻找灵感，将日式传统便当盒同法式风情结合，打造了法国便当品牌 Monbento。

04 | 日本双层便当盒

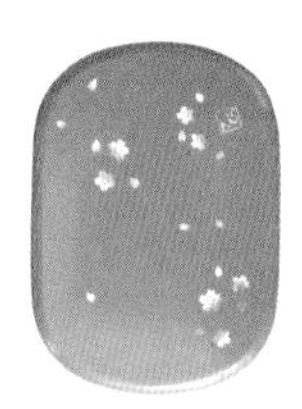

这款装饰有日式传统图案的单层便当盒，树脂材料，适合微波加热，泽田老师已经使用了近十年，除表面有少许划痕，其他地方都完好。

05 | Hakoya

这款便当盒是由日本 Hakoya 推出的，盒子整体使用了日本传统花图案，属于细长型单层盒体，树脂材料，可微波加热。Hakoya 本是日本漆器品牌，所以由它推出的便当盒，大都采用了日本传统设计风格。

06 | Hakoya

这款便当盒也是由日本 Hakoya 推出的，盒子采用黑色作为主色，图案则是简单的写意画，树脂材料，可微波加热。

—— 便当制作辅助工具篇 ——

便当菜模具

是由日本 Torune 推出的一款便当基础模具，耐热材质，使用起来非常安全，即使小朋友也可以放心使用。Torune 除了生产一系列的模具，最有名的大概就是各种形状的便当水果签了。

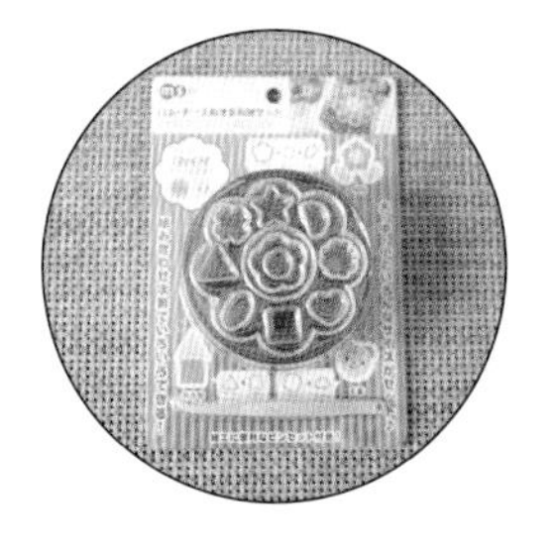

便当饭团模具

熊猫图案的是日本 Arnest 推出的，笑脸图案的则是日本 Hapimogu 推出的，这两款都是日本非常常见的模具，刻印的时候需要使用专门的海苔，拥有一定的厚度和柔韧性，普通海苔很容易压碎。另外四个金属模具用于压制形状，因为比较锋利，所以用起来很顺畅。

配菜杯

便当中最常见的配菜分隔杯，菜品很多的时候一定用得到。干净卫生，食物之间不会串味儿。

便当水果签

便当基础工具，有各种图案的水果签，好玩又好用。

切丝海苔

用于便当装饰，一般会和米饭搭配食用。

樱花粉

也叫“鱼松粉”，一般用于便当装饰以及食物增色，口感鲜美，虽然看着很像樱花，但实际上是鱼类制作而成的，鲜味很重。

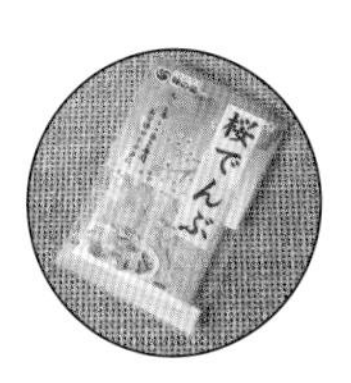

02
泽田的日常便当教学
美味猪肉卷便当

美味猪肉卷便当

Time 30min ♥ Feed 1

食材 ◇◇◇◇◇

橄榄油 …… 适量
猪肉卷 …… 2个
肉燥 …… 适量
樱花粉 …… 适量
萝卜 …… 约6小段
胡萝卜 …… 约5小段
水煮菠菜、水煮芦笋 …… 适量
切丝海苔、芦笋丁 …… 少许
樱桃番茄 …… 3个
蜂蜜 …… 2小匙
酱油、盐、芝麻 …… 少许

做法 ◇◇◇◇◇

① 平底锅内加入适量橄榄油，热油后，放入准备好的猪肉卷，大火煎至两面上色，转小火。
② 将蜂蜜、酱油和盐混合拌匀，调成酱汁，倒入锅中，不断晃动锅底，使猪肉卷均匀裹蘸酱汁后，继续加热约一分钟至表面酱汁略黏稠，去除竹签即可。

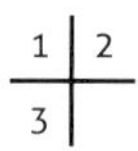

装入便当盒 ◇◇◇◇◇

① 先放入水煮芦笋和胡萝卜，再放入猪肉卷、萝卜、菠菜和樱桃番茄，其中菠菜可以撒适量芝麻装饰增香。

② 米饭另起一盒，依次装入肉燥、樱花粉、切丝海苔和芦笋丁，其中切丝海苔可做自由造型。

猪肉卷卷法 ◇◇◇◇◇

① 猪肉切薄片，铺开后，均匀放入适量水煮芦笋和胡萝卜，卷起后作为第一层。
② 铺开一层猪肉薄片，将第一层放入，再次卷起后，用牙签串起固定。
③ 在做好的猪肉卷表面撒适量黑胡椒粉后，均匀裹蘸过筛后的淀粉，盛盘待煎。

肉燥做法 ◇◇◇◇◇

起油锅，放入少许姜末，翻炒出香味后，倒入生肉糜，炒至熟透，再倒入少许味啉、酱油、蜂蜜和盐调味后，大火翻炒一分钟即可。

分享型饭团便当

分享型饭团便当

Time 40min ♥ Feed 1

食材 ◇◇◇◇◇

橄榄油 …… 适量
超大份三角饭团 …… 3 个
胡萝卜樱花片 …… 适量
鸡蛋(液) …… 3 个
藕片 …… 适量
三文鱼 …… 2 份
水煮菠菜、水煮芦笋 …… 适量
肉燥 …… 少许
盐、味啉、白芝麻 …… 少许
寿司海苔 …… 适量

做法 ◇◇◇◇◇

① 起油锅，放入适量藕片，大火翻炒一分钟后，转小火，放入少许盐、味啉和白芝麻，继续翻炒约两分钟即可。
② 另起油锅，文火状态倒入适量蛋液，轻微摇晃锅体，使蛋液均匀分布于锅面，煎至表面呈略凝固状，用筷子由外向内翻卷，卷好后，再将蛋轻推到外侧。空出的锅面继续涂抹少许橄榄油，重复以上步骤，做出适合厚度的蛋卷，趁热放入锡纸中裹起，使用寿司竹帘塑形，放凉后切块即可。
③ 另起油锅，放入表面蘸有均匀淀粉和少许盐的三文鱼，煎至两面上色即可。
④ 寿司海苔切成 1 厘米左右宽度长条，呈十字形装饰饭团，表面点缀樱花形胡萝卜片。将肉燥均匀铺于饭团表面即成简单肉燥饭团，也可以用海苔将寿司整个包裹起来。

FEATURES | INTERVIEW

装入便当盒 ◇◇◇◇◇

① 将做好的大型饭团先装入便当盒，再放入藕片、煎三文鱼和蛋卷，最后在空隙处放入水煮菠菜和青豆串即可。

饭团塑形可使用保鲜膜或者专用三角饭团模具。
饭团内可裹入适量盐昆布或其他腌渍小菜增味。

少汁下饭便当

少汁下饭便当

Time 20min ♥ Feed 1

食材

去皮熟虾仁 …… 适量
芦笋、葱段 …… 适量
盐、姜末、姜丝 …… 少许
手撕包菜、樱花形胡萝卜片 …… 适量
猪肉薄片 …… 适量
酱油 …… 少许
韩式辣酱 …… 适量
水 …… 少许
青豆、白芝麻、冬枣 …… 少许

做法

① 起油锅，翻炒姜末和虾仁约两分钟后，倒入芦笋、葱段，继续翻炒两分钟，出锅前撒少许盐调味即可。

② 另起油锅，下姜丝和猪肉片，翻炒至猪肉上色，倒入手撕包菜、加水稀释过的韩式辣酱及少许酱油，继续翻炒至包菜稍软，菜汁略少。出锅前倒入樱花形胡萝卜片，略翻炒后，撒少许盐调味即可。

装入便当盒

① 两道菜使用分隔纸隔开后放入便当盒中。

② 米饭盛入另一盒中，表面撒适量青豆和白芝麻装饰，使用分隔纸同冬枣或其他水果隔开。

*中式便当最怕菜汁过多，所以在选择菜品的时候尽量选用少汁的，制作过程中必须收汁。

吉井忍
便当的意义，是温柔的回忆

罗玄 | text
陈晗 | interview
吉井忍、吴飞 | photo courtesy

对你而言，便当意味着什么？也许是装在便当盒里的家常饭菜，也许只是工作日里匆忙果腹的一份午餐，又或许是带着妈妈的味道的温暖料理。

对为先生做了 8 年便当的吉井忍来说，便当是她与家人的记忆纽带，是构成她人生的细小但重要的一环。起初为了节省家庭开支，精打细算的主妇吉井每天为先生制作通勤便当，到如今，制作便当已经成了她日常生活的一部分。

6 年前，吉井忍开始在豆瓣发布以“便当”为主题的日志。她以细腻朴实的文字，记录下了用常见食材就能制作的日式便当，还有便当背后与食物有关的温暖记忆。

这些日志在豆瓣广受欢迎，很快便出版了合集《四季便当》。但是，能熟练地做出美味又好看的便当的吉井忍，从不以美食作家或料理研究家自居。在她看来，厨艺是可以锻炼出来的，但是味道和美感的根底却不能。她希望传递的并非某种饮食的制作技艺，而是一种生活方式，以及与食物相关的情感。“你认为好吃的味道和好看的外观，都是小时候培养出来的。这点我非常感谢我母亲。”吉井忍说。

母亲对吉井忍的影响是巨大的。在她的文字里，总是能看到母亲的身影。比如吃到炸鸡块时，她会想起某年夏天在海边与母亲分享一块炸鸡的满足感；又比如提起茶泡饭，她会记得童年的清晨，忙碌的母亲送父亲出门后，用桌上剩下的“茶泡饭之素”草草打发早餐。比起美食博客和美食书籍，吉井忍总是更愿意翻阅母亲的笔记本，读读母亲制作的食谱剪报，摘录自己也觉得有趣的食谱。尽量把菜做得和母亲相近，也是她不断努力的方向。

PROFILE

吉井忍
居住北京的日本媳妇，曾在成都留学，在法国南部务农，辗转台北、马尼拉、上海等地。作为自由撰稿人，每日为先生准备便当，著有《四季便当》《东京本屋》等书。

“带便当不仅仅是为了营养、省钱、推动环保，那份温馨的回忆会一直陪伴着你，不管过了多久，不管身处何处。”在《四季便当》的前言中，吉井忍这样写道。母亲为自己准备便当的场景，在不同场合吃到母亲制作的便当的美味，这些回忆陪伴着吉井忍一路成长，也跟着她一起漂洋过海，辗转各地。在建立了自己的小家庭后，吉井忍开始自己续写这份回忆。

吉井忍为先生准备的便当菜式并不复杂，食材多来自北京本地，也并没有用上什么高难度的烹饪技巧。但是带着爱意制作和食用的便当，对做的人和吃的人来说，意义都大不一样。

两个人搭伙过日子，从饮食方式到生活习惯都需要经历磨合。而对吉井忍和她的先生这对跨越了国籍和文化的夫妻来说，需要磨合的部分只会更多。便当也是吉井与先生磨合、交流的一部分。哪怕早上还在生气，到了午餐时间，也忍不住会惦记，“今天的便当他开始吃了吗”。

吉井忍的先生慢慢接受了带便当上班，并逐渐习惯了味噌汤的味道，吉井也学会了更多中国菜的做法，并尝试着把符合先生口味的中国菜肴放进便当里。中式便当还是日式便当？如今已经没有这个问题了。只有一次次磨合之后，留下的带有这个家庭独特烙印的菜式。

“在不同的时间安排、工作节奏、家计、口味等条件下做出的每个便当，都能体现出制作者的个性和生活，甚至人生。”吉井忍说。日复一日地制作便当，对有些人来说，可能是烦琐又单调的工作，难以坚持。可在吉井看来，每一份亲手制作的便当都是独一无二的，牵动的都是与家人相连的记忆纽带与情感。通过便当传递的爱，细水长流，历久弥新。

❶买了吃不完的苹果，最后做成苹果蛋糕。

❷早餐制作花絮。

INTERVIEW

食帖 × 吉井忍

食帖 ※ 你曾在多个国家生活游历过，后来为何决定来到中国，并留在这里？

吉井忍：因为我喜欢中国。之前在法国的时候，也有过机会在当地留下来，但花了不少时间思考，最后给出的结论是："还是回去亚洲吧。"当时的想法是，自己虽然非常欣赏西方的文化、生活和交流方式，但心底还是亚洲人，觉得在亚洲生活更加舒服。

后来定居在中国，还与我的留学经验和婚姻有关。我曾在成都留学一年，中国的风土人情给我留下非常好的印象，加上我先生是中国人，自然而然就留在这里了。我敢保证，若当时在成都留学的我知道将来能在中国生活，而且能和当地人结婚，肯定谢天谢地并高兴得哭起来了。

食帖 ※ 你并不称自己为美食家或料理研究家，只介绍自己是"居住在北京的日本媳妇"，做出好吃又有美感的便当的手艺是怎么练就的？

吉井忍：自己在心里有便当的"定型"，来自过去母亲给我做的便当。在北京做便当，因为食材都是当地菜市场容易买到的，所以便当内容可能和母亲做的有些不同，但我努力接近并还原那种整体的感觉和味道。

食帖 ※ "便当"这个词在日文和中文中都有，含义却有所不同，如何定义日本的便当？

吉井忍：我对便当有感情也有不少回忆，所以对我来说是一个生活方式和情感的表达。早上我在北京的出租房里给丈夫做便当，经常想起小时候母亲在厨房里做便当的背影，想起她怎样把便当包起来递给我。到中午，我边吃自己的午餐边想，先生是不是这个时候在吃便当，心里挺温馨的。哪怕是早上刚吵过一架。

食帖 ※ 虽然中国也有便当，但便当文化却成为日本的一种独特文化，你觉得这是为什么？

吉井忍：日本的便当，不管是形状、盒子、菜肴或相关工具都有那么多的变化，我想应该和日本人的性格有点儿关系。喜欢小巧的、喜欢方便性、喜欢四季变化、喜欢表现出自己的创意……这些喜爱让日本的便当发展成现在的模样。另外，现代生活中大家注重健康，自制便当成为一种最简单经济的健康生活方式。

食帖 ※ 在其他国家（除了中国）生活学习时，是否也遇到过类似便当的食物？

吉井忍：我曾在不同地方看到过当地的"便当"。比如我在英国的学校照顾小朋友的时候，若有郊游安排，学校会为学生准备 lunch pack（午餐包）：火腿三明治、青苹果、薯片和果汁。学生不爱吃苹果，我不爱吃薯片，于是我用自己的一袋薯片换来好几个苹果，很开心。

在法国和朋友去散步，她为我准备早上从村子里买来的法棍、在集市买的奶酪片和番茄，我们坐在树荫下吃。我觉得只是形式不一样而已，“便当”或外带的午餐，在各国各地都会有。

食帖 ※ 听说你每天早上做两份便当，一份给先生，一份给自己，这两份会不会有什么区别？

吉井忍：区别在于大小。我先生用的便当盒容量大约 800 毫升，我的大概是 500~650 毫升，先生吃的比我稍微多一些，其他内容是差不多的。

食帖 ※ 看书中说你先生起初有些吃不惯日式便当，后来你也学了许多中国菜，现在会不会也用中国菜做便当？可否举例说说？

吉井忍：我们刚结婚的时候，我先生吃不惯日式便当，主要是形式上的。当时他觉得在办公室里打开便当盒吃有点儿不好意思，因为周围带饭的同事很少。而且是常温的便当，他也觉得不太习惯。那应该是八年前的事，现在他习惯了，周围同事也有不少人开始固定带便当。

至于便当的内容，我不会故意把整个便当的内容都选择成日式或中式的，要看看当天冰箱里的内容搭配起来。我觉得有些中国菜也适合当便当菜，比如糖醋排骨、木须肉、豆腐干等。

食帖 ※ 平常和先生最常用的便当盒是什么样的？

吉井忍：便当盒的种类，只要是大小合适，盖子能盖好，其实我不是特别在乎它的外观。我自己最爱的便当盒放在日本父母家，是我从初中到高中的时候使用的。当时在日本很流行英国作家碧雅翠丝·波特的《比得兔的故事》，便当盒上面印着比得兔，是我母亲给我买的塑料便当盒。现在看起来不怎么特别，但我还是喜欢用这个盒子，因为有感情因素在里面。我先生经常用的便当盒有两个，一个是不锈钢的盒子，另一个是能保温的便当盒，都是我在日本买的。保温的便当盒适合北京的冬天，但我不太喜欢它，因为洗起来不太方便。

食帖 ※ 每天的便当搭配是否都不一样？通常是当天现想如何搭配，还是提前很久就计划好？

吉井忍：每天的便当不会有完全一样的。有时候早上看看冰箱里的东西瞬时搭配起来，有时候是晚上睡觉前想好第二天早上怎么做便当。后者比较好，行动起来快一些。

一般我在菜市场选购时会简单想一想哪些食材可以用在便当里，回家做晚餐的时候也可以考虑一下第二天的便当内容。有的荤菜可以准备多一点，当作便当的主菜。比如晚上做红烧鸡肉，把部分鸡肉留下来，早上再加热一下，或者切蔬菜的时候也切多一点，搁在冰箱里，第二天早上直接拿出来加热。这样可以节省早上的宝贵时间。

食帖 ※ 在考虑便当饭菜搭配时，会注意哪些基本原则？

吉井忍：之前在《四季便当》里也介绍过便当的“黄金搭配”，即主食：主菜：配菜 = 3：2：1。这样的搭配在营养上会比较均衡。另外颜色搭配也比较重要，便当里有白、红、绿、黄这些颜色会好看一些，打开盒子时也能刺激一下食欲。

便当的“黄金搭配公式”是“主食：主菜：配菜 =3：2：1”。

多数日式便当不必加热，但并非冷食，而是常温便当。

食帖 ※ 对工作繁忙的上班族来说，能够快速做出一份美味便当也很重要。你是如何做到每天早上都能做出两份美味便当的？能否分享一些快速做便当的小技巧？

吉井忍：工作繁忙的上班族，若每天要做便当确实很累。所以首先我想建议，不要给自己太多压力，有心情就做点简单的便当，太累就在外面解决午餐。便当做多了，就会慢慢习惯，熟悉后做起来就会快很多。

到周末的时候可以做一点“常备菜”和能保持两三天的小菜。腌制胡萝卜、肉末、煮南瓜等小菜，可以在不知道如何填补便当的空间时放进去，为整个便当多添加一份营养和色彩。

食帖 ※ 中国人有时也带便当，但和日本不同的是，我们通常会加热，而日本人习惯冷食，这是为什么？

吉井忍：我认为，可能因为日本料理中有代表性的寿司、生鱼片是冷的，所以给大家留下“日本人习惯冷食”这样的刻板印象。日本人对中国菜的印象是“多油”，这恐怕也是以偏概全，不是吗？

回到正题，我平时吃便当是不加热的，但那是“常温”，而非冰箱冷藏那么“冷”。不少日本人，包括我自己，吃便当的时候不加热，我个人认为原因有二：其一是大米。在我家乡吃的大米种类是粳米（japonica），富含支链淀粉（amylopectin），煮熟后的含水量多，常温状态下也能保持适当的黏度、亮度和甜度。其二就是便当菜的做法，日式便当菜肴的前提就是常温状态下食用，食材的选择和调味方式都有相应安排。

食帖 ※ 日式便当有时也需要加热，那么究竟哪些便当食物适合冷食，哪些食物适合加热？

吉井忍：生的蔬菜和寿司类，比如什锦寿司（散寿司）、卷寿司等，就不适合加热。顺便说一下，使用生鱼片食材的寿司最好不要外带，以免变质。要知道在日本料理店，使用生鱼片的菜肴一般禁止顾客打包带回家，也是这个原因。

其他食物我觉得都是可以加热的。有些食物还是要趁热吃，之前我介绍的大阪烧（御好烧），若做成便当的话，还是食用前加热一下风味更佳。

食帖 ※ 能否分享一些让便当里的食物不易变质，并长时间保持较佳口感与风味的方法？

吉井忍：做便当的时候，除了营养和颜色外，卫生是非常重要的。尤其是在夏天，水分多的食物和加热温度不够的食物都容易变质。煮物、凉拌菜等的酱汁都会导致食品变质，所以建议把这些菜肴先沥干水分再装盒。生的蔬菜（比如沙拉）或水果不适合与需要加热的食物放在一起，最好分开装在小盒子里。

白醋可以控制细菌繁殖，所以小菜中适当添加白醋也是让食物保鲜的一个办法。甚至可以干脆把白米饭做成寿司饭（加白醋、白糖和盐的“醋饭”）。

过去母亲在夏天做便当的时候，会让我带上事先冰冻好的塑料瓶或纸盒饮料。把它和便当放在一起，可以给菜肴降温。当时我很喜欢可尔必思，搭配便当可以喝掉好多瓶。

食帖 ※ 在《四季便当》中，每一份便当都配有一篇随笔，有些故事很动人，比如你和母亲在海边吃的炸鸡便当。除了这份外卖炸鸡便当，还有没有哪份便当是在外面吃到，并且令你非常难忘的？

吉井忍：我喜欢在搭乘新干线或其他列车去旅行的时候，买一份便当在路上吃。日本各地推出有地方特色的便当，边看窗外的风景边享用当地食材，很有感觉。另外，在台北生活的六年中也吃了不少当地的便当，虽说基调和日式便当相似，但排骨、茶叶蛋、豆腐干等菜肴很有台湾风味，而且价格很便宜。

有一次我和台湾朋友坐铁路去山区，到了目的地之后看到月台上卖便当，看起来非常好吃，我们忍不住各买一份当早餐吃。吃完实在太饱了，得先休息消化一阵才能开始爬山。

食帖 ※ 能否列举三种经常出现在你和先生的便当里的食物？

吉井忍：玉子烧、梅干、白米饭，其实有这三种就可以做出日式便当了。这些在中国也能买到，在进口食品店或网络商店，用关键词“日本、梅干、紫苏”就能搜索出来。我个人爱吃“竹轮（鱼糕）”，但在中国不容易买到正宗的，所以回日本的时候天天吃。

吉井忍的便当料理
鱿鱼饭

Time 40min ♥ Feed 2

小时候我父亲经常出差，有一次他从北海道飞回来，笑眯眯地递给我当地土产，并说我一定会很喜欢。那是一个纸盒便当，里面装着两只胖乎乎的鱿鱼。母亲拿进厨房切开后我才知道，鱿鱼里装满了糯米，这就是来头不小的“鱿鱼饭”。糯米充分吸收了鱿鱼的鲜味，口感比烤鱿鱼更丰富饱满。

鱿鱼饭是北海道的乡土料理，据说是函馆车站的便当店最早发明的。当初受到“二战”期间的粮食配给制影响，为了节省大米，店家利用当地盛产的鱿鱼来做便当。到了战后的 1966 年，在京王百货公司主办的“铁道便当大会”上，鱿鱼饭被隆重介绍，获得了几乎全日本的关注。若你有机会去海鲜市场，请务必试试。

食材 ◇◇◇◇

新鲜鱿鱼 ……………… 2 只
糯米 ……………… 200 克
姜末 ……………… 少许
料酒 ……………… 30 毫升
酱油 ……………… 100 毫升
白糖 ……………… 40 克

做法 ◇◇◇◇

① 准备糯米：糯米淘洗后去掉水分，放入小碗，加开水浸泡 15 分钟。香菇用布擦净后切碎。胡萝卜也洗净后切碎。浸泡后的糯米去除水分，与切碎的香菇和胡萝卜搅拌均匀备用。

② 处理鱿鱼：鱿鱼洗净后抓住触手，拉出内脏，去除软骨。触手洗净后切小块（头部和眼部丢弃不用），鱿鱼身洗净后也放在盘子里备用。

③ 塞入糯米：用汤匙往鱿鱼里填入糯米。糯米加水加热后会膨胀，所以不能塞得太紧，以免加热时鱿鱼开裂。大约七分满即可。塞入糯米后用牙签封口。

④ 煮鱿鱼饭：小锅（直径大约 25 厘米）里放料酒、糖、酱油和 400 毫升水，煮开后放入鱿鱼和鱿鱼触须。调小火，加盖加热 40~50 分钟。加热过程中可以翻一次面。鱿鱼饭冷却后切片，上面撒些姜末即可。

柴田昌正
从曲木便当盒中找寻生活的模样

Hoshikuzu | interview & text
柴田庆信商店 | photo courtesy

“大馆曲木盒在昭和 55 年（1980 年）被指定为传统工艺品，当时的销量很高，但是昭和 60 年（1985 年）后塑料制品开始兴起，人们的生活方式也逐渐发生改变，曲木盒的需求便一直持续着低迷状态。为了能往东京、大阪等地扩大销路，我积极进行新产品的开发，给曲木盒施加了聚氨酯涂装工艺。随着商品需求慢慢扩大，我给所有产品都涂上了聚氨酯，也因此，秋田杉的功能就得不到发挥了。”柴田庆信商店的创立人柴田庆信，在阐述曲木盒的制作原材料“必须是原木”的理由时，提到了自己曾经犯过的错误。这段文字被放在柴田庆信商店官网的首页，强调他们制造的曲木盒必须使用秋田杉原木，任何对大馆曲木盒感兴趣的人都可以读到。

秋田杉本身具有吸湿性和杀菌功能，还有独特的芳香。但被涂装了聚氨酯的曲木盒失去了这些特点，取而代之的是耐脏、用海绵和普通洗洁精就能清洗等特性，使用起来方便很多。“起初并没觉得这些改变有什么不好，但当我带着便当盒去参加孩子的运动会，在周围人的艳羡中拿出引以为傲的华丽便当盒，将便当放入口中时，聚氨酯涂料的气味让我根本无法下咽。这是自己做的东西，但直到那一天、那一刻，我才注意到它的问题。”因为这件事，柴田庆信深刻感受到秋田杉原木的重要性，也由此将装食物的容器必须是原木这一点铭记在心。

“适材适所”指的就是根据曲木盒使用的场合，来选择它的原材料和加工方式。秋田杉原木可以吸收米饭中多余的水分，即使冷却了也依然美味，而它的杀菌功能可以保证米饭不易腐坏，在常温下可以维持一整天，可谓是制作便当盒的最佳材料。

PROFILE

柴田昌正
曲木盒职人、柴田庆信商店现任董事长。1973 年出生于日本秋田县大馆市，1998 年入行，2010 年就任柴田庆信商店董事长，2012 年获得日本传统工艺士认定，其作品多次荣获“Good Design”奖。

1 | 2
3

❶大馆的原木曲木盒的材料全部使用秋田杉，且不施加聚氨酯涂装工艺，完全不加涂装。❷大馆工房内。❸大馆曲木盒的专门店。

柴田庆信商店有限公司创立于 1989 年，但在此之前的 1964 年，柴田庆信就已经踏足了曲木盒的世界。他没有拜师，制作曲木盒完全靠自学，将买来的曲木盒进行拆解，研究制作方法，再尝试自己制作，多年来经过了很多次技术上的改良和设计上的创新。柴田庆信商店发展到现在，已在东京的浅草和日本桥三越分别拥有两家直营店铺，本店和制作工厂都在秋田县大馆市。公司长年以来一直专注于传统工艺品秋田杉曲木盒的制作与贩卖，除了便当盒，还有饭桶、日式点心盒、茶具、酒器等生活用具，无一例外都是以天然秋田杉为原材料。目前负责公司经营的是第二代社长、柴田庆信的儿子柴田昌正。

柴田昌正在 2012 年获得了日本传统工艺士认定，作为一名曲木盒职人，他有着和父亲同样的追求。“柴田庆信商店制作的是交付给未来的孩子的曲木盒。”从父亲到儿子，从儿子到孙子，曲木盒就是这样可以使用一生、代代传承的生活用具。传统工艺品本身是有其弱点和局限性的，为了能更长时间使用，平时也应多加小心和爱护。“清洁和保养确实有些麻烦，毕竟是古时候的日常用品。但这一点反而也是一种趣味，正因为花费了这些工夫，才让米饭变得更香。”采访中，柴田昌正多次强调享受曲木便当盒带来的“麻烦”在使用过程中的重要性。

除了坚持公司原有的曲木盒产品制作，柴田昌正也在不断寻求产品类型上的创新，不变的是一直贯彻坚持的宗旨——“必须是原木”。他和日用品设计师大治将典合作，推出过面包碟和黄油盒。原木良好的通气性和吸水性，既能让面包保持酥脆的口感，又能让黄油保持适度的硬度，广受顾客好评。

忙碌而快节奏的现代生活中，人们大多追求方便快捷，速冻食品、快餐、外卖……日子过着过着，仅剩下“生存”而不是“生活”。可否尝试一下通过传统的曲木便当盒，让我们暂缓脚步呢？当你打开便当盒盖，伴随着淡淡的原木清香，嘴唇触碰到松软米饭那一刻，又或是在你一遍一遍、小心翼翼清洗便当盒的十分钟时间里，你或许就能感受到生活带给你的宁静、琐碎、满足……那便是生活本来的模样。

INTERVIEW

食帖 × 柴田昌正

食帖 ※ 你从学校毕业后马上开始了这份工作吗？选择这一职业是出于自己的意愿，还是听取了父母的意见？

柴田昌正：大学毕业之后，我向父亲表达了自己想马上接手家业的想法，但父亲建议我先到社会上去学习一下，于是我到外县去，做了大概三年跟现在完全不同的工作。

我小时候经常出入父亲工作的地方，那也是我的游乐场。懂事之后我便跟父母说了我以后想从事这份工作。幼小的我望着父亲工作时的背影，觉得这份工作让人很快乐，看起来也很酷。

食帖 ※ 比起外形时尚的塑料便当盒，曲木便当盒显得很低调古朴。对你来说曲木便当盒的魅力是什么？

柴田昌正：其实也并非所有人都认为塑料便当盒是“时尚好看”的，我觉得每个人都有自己不同的看法。塑料便当盒同曲木便当盒各有各的优点和缺点。使用曲木便当盒的人可以感受到天然秋田杉优美细致的木纹、芳香和手感，还有其特有的调节湿度的功能，米饭因此变得更加美味，这些都是塑料制品所没有的，很多人因为这一特点而使用曲木便当盒。

制作曲木便当盒使用的原材料是秋田杉，它同时具备良好的通气性和保湿性，因此，即使米饭冷却之后仍然能维持很棒的口感。而这种调节湿度的功能是建立在不涂装聚氨酯上的，如果不是“无涂装的曲木便当盒（只将原木进行加工）”，便无法完全发挥湿度调节的功能。所以我们公司在制作上一直坚持着无涂装加工。

食帖 ※ 你提到曲木便当盒的原材料使用的是天然秋田杉，为何执着于这一原料？

柴田昌正：秋田杉自古以来被称作“日本三大美林”之一，深受日本人的喜爱。其中，秋田县的杉木于严酷的寒冬之中慢慢生长，木纹非常细致，而优质的土壤培育出其良好的色泽。由于秋田的水土很适合杉树生长，甚至一提到秋田县，便是“秋田杉”了。

❶～❷大馆曲木盒在制作工艺上，其实和其他曲木盒无异，无非是将那些理所当然的制作方式坚守始终。

在这片土地上，先人们持续不断地使用秋田杉制作曲木便当盒，而先人的技术和工艺在曲木便当盒上得到了完美体现。我们希望能将迄今为止继承下来的造物技术与工艺，通过这片故乡，通过大馆，传递到下一代人手中。

食帖 ※ 从作为原材料的天然秋田杉，到精致美观的曲木便当盒，在制作过程中需要经过怎样的工艺？

柴田昌正：比起工艺，我更加注重的是制作过程中坚持“凡事贯彻始终，理所当然的事情要理所当然地去完成”这一点。“大馆曲木便当盒”是日本传统的工艺品，因此在制作工艺上来说，自古以来都是坚持同样的方式，并没有太大的变化。每一位职人在制作过程中都要踏实做好分内的工作，一道道工序积累下来，才能诞生出让使用者满意的作品。我觉得最重要的还是每一个人都要坚持凡事贯彻始终。

食帖 ※ 可以简单介绍一下“原木便当盒”和“柿涩涂装便当盒”各自的特征吗？你平时常用哪种便当盒？

柴田昌正：我们公司制作的“原木便当盒”并不单纯指能看得见木纹的便当盒，而是特指不施加聚氨酯涂装工艺、完全不加涂装的制品。因此我们出产的原木便当盒就是秋田杉本身，是由秋田杉变化而来的。秋田杉的保湿性、通气性（湿度调节功能）非常好，能将刚出锅的米饭的多余水分进行适度调节，配合着隐约散发出的杉木香气，米饭吃起来也更加美味。杉木还具备杀菌功能，自古以来在各种各样的场合都有用到，被用来做便当盒也是非常合适的。

“柿涩涂装”这一工艺是指在上漆前，先给原木涂上一层柿涩打底以达到防虫的目的，再在上面涂上朱合漆。随着时间的推移，使用者可以享受秋田杉的木纹逐渐显露、慢慢褪成米黄色的变化。虽然没有无涂装那样的效果，但也没有使用无涂装便当盒时需担心的食物（汁、油）渗透、染色等烦恼，使用起来更加随意。我一般会用大号椭圆形便当盒装米饭，用小号椭圆形便当盒来装菜。

食帖 ※ 在平时使用时有什么需要注意的地方？

柴田昌正：为了能尽量长久地使用便当盒，还是很有必要注意它的使用方法和保养方法的。比如使用前要先用水将便当盒的内侧沾湿再装入米饭，趁着米饭还比较热的时候盖上便当盒盖，使用之后用去污粉和小炊帚将便当盒彻底刷净并风干。

无涂装的制品在反复使用的过程中会生出黑色的斑点，手感也会发生变化，不如刚开始那么好，但这也没有办法。无论是怎样的无涂装制品都会出现这样的问题，也可以说成是自然的痕迹吧。希望大家可以将这种在塑料制品中体会不到的素材的变化，当作“生活的印记”来享受，好好使用、爱惜曲木便当盒。

食帖 ※ 中国的传统工艺目前也和日本一样，逐年呈现衰退的趋势。为了应对时代的变化，曲木便当盒在设计以及制作工艺上进行过改良或创新吗？

柴田昌正：听到中国的传统工艺正在衰退，我感到非常遗憾。确实，在日本也是这样。从事传统工艺行业的人（包括继任者）持续减少、传统工艺品的营业额下降，以及制作原料的减少等问题普遍存在。但在另一方面，除了面向日本国内，面向海外市场的研究在逐渐展开，更加符合现代生活的商品开发项目也在向前推进，同时我们也在培养愿意传承传统工艺的年轻人。如何以更好的形式将传统工艺与下一代连接起来，各方面都在为此行动着。但愿这些努力最终能够发芽、开花。

关键词
KEY WORD

大馆

原木椭圆形便当盒（大号）
容量：约 650 毫升

大馆市位于日本东北地区的秋田县北部，大多数国人对它的了解可能来自忠犬八公的故事，八公犬的品种就是大馆市的秋田犬。而大馆除了秋田犬，还有秋田杉以及以秋田杉为材料制成的传统工艺品“曲げわっぱ（曲木盒）”等名产。

曲木（曲げわっぱ）

原木つくし便当盒
容量：上层约 300 毫升、下层约 450 毫升
用餐完毕后可以将上层倒过来，收纳进下层里。

日语中的“わっぱ”意为圈、环，这一词起源于阿伊努语。“曲げわっぱ”特指将杉木或丝柏的薄板弯曲制成的圆筒形木盒，主要用来存放大米，或者作为便当盒使用。日本江户时代，大馆城城主佐竹氏利用其领地内的秋田杉，鼓励下级武士将其制成曲木盒作为副业，曲木盒制作便由此发展起来。作为日本各地的传统工艺品，比较有名的有秋田县大馆市的大馆曲木盒、青森县藤崎町的丝柏曲木盒、静冈县静冈市的井川便当盒、长野县盐尻市奈良井宿的木曾丝柏便当盒等。

天然秋田杉

柿涩涂装便当套盒
容量：由小至大依次为 140 毫升、280 毫升、500 毫升
用餐完毕后可将便当盒依次装入小一号的盒子里，同样方便收纳。

日本东北地区的寒冬时节极为严寒，秋田杉在大自然的环境下缓慢生长，树龄一般在 200 年以上。天然秋田杉的年轮宽度狭小，木纹细致，有着很高的强度，与青森丝柏和木曾丝柏并称为“日本三大美林”。而用天然秋田杉制成的大馆曲木盒被日本传统工艺品产业振兴协会认定为“经济产业大臣指定传统工艺品”。

原木（无涂装）便当盒清洁方法

① 使用完毕后，先将热水倒入便当盒中，等待油污浮出。之后用小炊帚轻轻擦拭污垢。

② 用含有研磨剂的去污粉将便当盒表面彻底刷净。

③ 将便当盒进行充分洗涤（为了保持干燥，建议用热水），之后将水分擦拭干净，风干。

原木（无涂装）便当盒保养贴士

① 应避免使用漂白剂、小苏打清洁原木便当盒。

② 使用前先用水将便当盒内侧沾湿，然后拿干布轻轻擦拭，之后再装入米饭。这样可以防止油污和饭菜味渗透进原木里，也可以防止饭粒黏在便当盒内壁。

③ 清洗完便当盒之后，原木完全干透至少需要一天时间。若没有干透就使用，很容易导致原木长出黑斑。

幸福就在
打开便当盒的一瞬间

AgnesH 歡 | interview & text
Yasuyo | photo courtesy
陈晗 | edit

博主 Yasuyo 制作的日常便当。她常常以人物或季节为灵感制作便当。

PROFILE

Yasuyo
IG 博主（@KOKORONOTANE），现居住在日本京都，是一位人气颇高的便当达人。

在忙碌的生活中，美味可口的一日三餐也许是对身体和心灵最好的慰藉。在早餐越来越被重视、晚餐越来越健康的今天，午餐常常还是会被忙碌的工作节奏打乱，而只能匆匆解决。尤其在上班的日子，时常怀念大学的食堂，或是更早的中学时代从家里带便当去学校，和同学围在一起用餐聊天的日子。有多久没有带着家里的便当作午餐了呢？或者，有没有坚持为自己的午餐用心准备便当呢？

在便当文化盛行的日本，不仅是去学校的孩子，身为上班族的爸爸也可以天天享受到家人准备的午餐便当。刚刚踏入社会的年轻人，也会带着自己制作的简单便当，作为工作日的午餐。随着社交媒体的发达，常常可以在网络上看到日本主妇制作的色香味俱全的便当照片。每次看到都不禁好奇，这样漂亮的便当背后，究竟是个怎样心灵手巧的人儿？最近恰好和这样一位日本便当达人结识，她毫无保留地分享了许多便当技巧。

她就是 Yasuyo，一位来自日本京都的主妇。她的 Instagram 账号关注者超过 12 万人，不仅受到日本国内粉丝的喜爱，也广受世界各地网友的关注。她最常分享的内容就是亲手制作的便当，丰富的色彩，健康的食材，结合不同的季节和传统节庆，令人眼花缭乱又羡慕不已。

❶❷❸ 用美味、健康又好看的食物，将自己最爱的曲木便当盒塞得满满当当，打开的瞬间一定会幸福感满溢。❹ 博主 Yasuyo 制作的日常便当。她常常以人物或季节为灵感制作便当。

INTERVIEW

食帖 × Yasuyo

食帖 ※ 从什么时候开始爱上做便当的？

Yasuyo：我从 2014 年开始做食品统筹规划的工作，每一天都对食物与烹饪充满热情。有一次恰好买了一个精致的手工木质圆形便当盒，于是就开始尝试自己做便当。我很喜欢做一些有趣的便当，带着文字和图案，色彩丰富，让人看着心情愉悦，比如人脸图案的便当。

做便当的食材全部使用有机蔬菜和米，并使用没有添加剂的调味料，也会格外注意选用对人体有益的食材。除此以外，我会充分利用这些天然食材的颜色，努力创作出令人们见之开怀、食之开胃的健康便当。顺便一提，我从 2001 年开始做手工作品，很享受现在这种集手作与美食于一体的生活。

食帖 ※ 有没有专门学习过烹饪课程呢？

Yasuyo：大多是在家里自学，也有去烹饪学校学习过。今年是成为主妇的第 26 个年头，随着时间和下厨经验的累积，厨艺在不断精进。毫不夸张地说，现在那些烹饪技巧已经融入到我的头脑里，达到身心合一的程度了（笑）。

食帖 ※ 创作这些便当的灵感来源通常有哪些？

Yasuyo：创作的灵感一般来自食材本身的外形和颜色，一看到食材，脑海中就会浮现出将它们做成菜肴的样子，我会抓住脑海里瞬间想到的画面来进行创作。比如第一次看到舞茸（又称栗子蘑、灰树花）时，第一眼看去脑海里就浮现出鹿角的样子，于是便以此为灵感制作了小鹿图案的便当。

此外，我对季节更迭和节庆十分重视，常常会从中找寻灵感，比如春夏秋冬、万圣节、圣诞节或者七夕、中秋等，会以这样的季节和节日为主题来进行创作。

食帖 ※ 做便当时会抱着怎样的心情？

Yasuyo：说起便当制作最重要的部分，营养成分当然是其一，还有就是吃便当的人在打开便当盒那一瞬间的期待感，也是十分重要的。带着这样的想法去制作便当，想到打开便当的人情不自禁的笑脸，就会打心底里觉得开心。

食帖 ※ 便当通常不会做好马上就吃，而是要在便当盒中存放一段时间，有没有什么小窍门可以长久保持便当食物的口感和状态呢？

Yasuyo：便当的主菜和配菜在装盒时，是不能带有汁水的。装盒前一定要用厨房纸巾将菜里的汁水全部收干。夏季时，菜会变得容易腐坏，所以推荐使用冷冻菜肴（提前做好冷冻起来），这样也有助于降低便当盒内部温度，推荐大家尝试。另外，干梅子、用醋调味的食材以及绿紫苏叶等都能起到杀菌的作用。

此外，装盒后的便当在晾凉之后才能盖上盖子，这是必须遵守的规则。关于菜肴的分装，我的方法是把各种菜都放在烧制点心用的铝箔杯中，再把它们一一装入便当盒。这些铝箔杯清洗之后可以反复使用。如果有水果，要使用其他容器单独存放。

食帖 ※ 除了木质便当盒，偶尔也会看到你使用金属材质的便当盒。

Yasuyo：家里常用的便当盒，主要是我分享的照片中经常出现的曲木便当盒。其他类型的话，家里也有竹编便当盒、双层或三层式便当盒，还有小时候用过的让人怀旧的复古铝制便当盒。便当盒不同，制作便当的风格也会随之改变，这也是便当制作的乐趣之一。

食帖 ※ 能否分享一些快速制作便当的技巧？

Yasuyo：可以提早几天制作，比如周末空闲时，把常备菜一起做好，储存在冰箱里。或者做晚饭的时候，多做一些配菜冷藏起来，等到第二天早上，只要进行简单的便当装盒即可。这样的话，就算是在很繁忙的早晨，也能轻松搞定便当制作。

食帖 ※ 制作一份便当大约需要多久的时间？

Yasuyo：根据便当的内容，时间会有所变化，如果仅仅是将常备菜装盒的话，大概需要 5~10 分钟，如果还要做些装饰造型工作，那就要 30 分钟左右了。

食帖 ※ 有没有哪一份便当尤其令你难忘？

Yasuyo：其实令我难忘的便当不止一份。在我还小的时候，母亲为我制作的许许多多种类的便当，我至今都无法忘怀。肚子饿的时候，打开那些便当盒的一瞬间，总是难以言喻的喜悦和快乐。不仅仅是便当本身，记得装便当盒的布袋子上面，还有一只可爱的刺绣小鸟图案，这也是我珍惜至今的回忆。借由便当所传达的母亲的爱，温暖了我的整个童年。相信这样的片段，也是大部分日本人的童年记忆之一。

1

2

3

4

Recipe

熊熊三兄弟饭团

食材

米饭 …… 一人份
鱼肉竹轮 …… 一小段
山椒（酱油煮制）…… 少许
奶酪片 …… 少许
海带丝（酱油煮制）…… 少许
蟹肉棒 …… 少许

做法

① 将米饭捏成球形饭团。
② 将竹轮切下来一圈，再对切，分别装在饭团的左右上角，作为熊的耳朵。
③ 将用酱油煮过的山椒果实，作为眼睛和鼻子。嘴部周围的一圈，则用奶酪片切出椭圆形粘在饭团上。
④ 微笑的嘴唇，是用酱油煮制的海带丝做成，而舌头则是用蟹肉棒。这样一来，可爱的“熊熊三兄弟”饭团便当就大功告成了。

❶Yasuyo 最近创作的“熊熊三兄弟”饭团便当。
❷❸Yasuyo 制作的美食，无论是便当还是日常三餐，她都很注重色彩搭配。

Thomas Bertrand

便当让我保持对这个世界的热情

白雪薇 | interview & text
Thomas Bertrand | photo courtesy

PROFILE

Thomas Bertrand（托马斯·波特兰）
Bento & co 品牌主理人，1981 年生于法国里昂，毕业于日本京都大学，后移居京都。2008 年创立便当盒专卖店 Bento & co。

&CO

在日本京都市中心的六角通，有一家名为Bento & co 的便当盒专卖店，架高顶棚的店里，亮着温暖的黄色灯光。这家店不出售食物便当，而是贩售各式各样与便当有关的商品：风吕敷、餐具、不同风格的便当盒和保温桶……

Bento & co 还有提供日、英、法三种语言的线上商店，和实体店内一样琳琅满目。这个网站在 9 年时间里，将便当用具出售到 90 多个国家和地区。

但这家店的主理人并不是日本人，而是一位远渡重洋定居京都的法国人。

在京都六角通的街道上，有一家黑色招牌的便当盒专卖店，这就是 Thomas Bertrand 的 Bento & co 便当用具专卖店。

一切始于一场旅行

Bento & co

大约 14 年前，20 岁的 Thomas Bertrand（以下简称“Thomas”）来到日本，开始了一次为期 10 天的旅行。这次旅行给他留下了深刻印象，也是他日后移居日本、改变生活轨迹的始因。

第一次看到便当时，Thomas 就为这个盛满精致又美味食物的小盒子所折服。日式便当完全不同于法国的 Le déjeuner（法语，午餐之意），这是另一种享受午餐时光的方式。

短短的旅行结束之后，他对这个东方国度念念不忘，第二年他又作为东京大学交换生，之后是京都大学的留学生，一直在日本生活。从京都大学毕业后，他干脆选择留在这座充满和风古韵的城市。住在日本的这些年，Thomas 经营着自己的博客，从一个外国人的视角，记录自己在日本的生活，获得了不少日本人和法国人的关注。

2008 年，美国投行巨头雷曼兄弟破产，引发了一场全球性的经济衰退，这场经济危机也波及了法国。Thomas 的母亲跟他说，目前法国有许多杂志在发表有关便当的文章，倡导一种自带便当的生活方式。然而，勒紧腰带准备自带便当的法国人，却苦于在法国国内无法买到书中那些美丽便捷的便当用具。

Thomas 原本对自己职业生涯的规划是当一名记者。在母亲的启发下，他决定抓住这次机会，开始经营一个专门销售便当相关用具的网站 Bento & co。当时博客的一些读者，也顺势成为了 Bento & co 的第一批顾客。不久，Thomas 在京都开了一家实体店。

从 1989 年开始，法国每年 10 月都会举办为期一周的 La Semaine du Goût（法国品味周）活动。参与品味周的专业厨师都想通过这个活动，给孩子们一个了解祖国饮食和文化的机会。2012 年的法国品味周举办了一场便当大赛，这场比赛也同时在日本举行，评委会收集两个国家的作品进行评比，借以传播便当文化。

2011 年，东日本大地震发生后，许多外国人共同发起了一个活动：用支持便当来支持在地震中受到伤害的灾民。现在“bento”这个词语，已经被收录进了法语词典，越来越多的人开始接触和制作便当。

2009 年，Bento & co 举办了第一届国际便当大赛（International Bento Contest），这次比赛范围包括日本地区和海外地区，主要方式是请参赛者制作便当并拍摄照片，发至官方邮箱参与评选。举办便当大赛的第一年，Bento & co 就收到了来自 23 个国家和地区的 237 件作品。

“除了日本，其他的国家也有便当，但通常做不到像日本便当那样色彩丰富，同时兼顾营养均衡。但大家都意识到，带便当的确是一种经济、健康的生活方式。”Thomas 说。

每年的便当大赛都有不同的主题，比如 2012 年的“饭团便当”（onigiri bento）主题、2015 年的“三明治便当”（sandwich bento）主题等。2016 年海外地区的主题是“甜牙齿便当”（sweet tooth bento）。甜是味觉，吃到才能感觉到，这个主题的挑战性就在于如何通过一张便当的照片，以视觉来表现甜的味觉。

2016 年日本地区主题为“会席便当”（full course bento）。会席料理是日本代表性的宴请用料理，基本规格是三菜一汤，但后来逐年扩大，三菜两汤、五菜两汤、九菜三汤都有，现在甚至还有餐前开胃菜和饭后甜点。会席料理的菜肴，必须按菜单顺序一道一道上桌。这次便当大赛的“会席便当”主题是要求参赛者将会席料理的每一道食物，同时融合在一个便当中。

如果是举办传统便当大赛的话，一般是将料理人召集到一个固定场所，小组赛、半决赛、决赛这样一轮接一轮地比赛下去，美食家们仔细品评每一道菜品，最终选出一位冠军料理人。这样的比赛旷日持久，且耗费较多人力财力。而 Thomas 组织的这场以网络为载体的便当大赛，通过照片选出冠军，与其说是美味的对决，不如说是在便当盒这个小小的空间中，挑战大家对于食物美学的思考。

❶ 2016 年国际便当大赛日本地区获奖作品：来自日本的 Ryoko 制作的会席料理便当。

❷❸❻ Bento&co 除了出售各式便当盒，也贩售精美的便当小物，如筷子、风吕敷、便当袋等。

❹ 2015 年国际便当大赛海外地区获奖作品：来自摩洛哥的 Ibtissam 制作的三明治便当。

❺ Bento&co 的原创作品：用西阵织布贴工艺制作的“西阵便当盒”。

INTERVIEW

食帖 × Thomas Bertrand

食帖 ※ 便当在你的生活中扮演着怎样的角色?

Thomas Bertrand（以下简称 Thomas）：现在我每天的生活都围绕着便当展开，寻找做便当盒的职人，搜罗与便当相关的美好物品，设计 Bento & co 的原创便当盒等。是便当让我始终保持对这个世界的热情和好奇心。

食帖 ※ 法国和日本这两个国家，对便当的态度有什么不同?

Thomas：在日本，做便当、吃便当是非常普遍的现象，它深深地融入到每个人的生活中。这里的人们都会将自制便当带去工作地点，即便是在工作日，有些公司的职员的午餐时间都能长达两个小时。日本人的工作时间很长，午餐对他们来说是非常重要的一顿饭，边吃午饭边聊天，可能是一天中非常宝贵的休息时间。

如今在法国，也有不少人倾向于自己带饭去上班了，但一般不会像日本那样放在一个便当盒中，并将它做得如此精致漂亮。不过，对大多数法国人来说，相较于自己制作便当，他们仍旧更喜欢去寻找美味的餐馆。

食帖 ※ 你最喜欢哪种类型的便当?

Thomas：当然是铁路便当。我非常喜欢坐新干线去旅行，沿线的每个车站都有独特的便当，通常会使用当地特有的食材或特产，很有地方特色。这些好吃的铁路便当让我更想去旅行。

食帖 ※ 平时工作午餐怎么吃?

Thomas：一般是自己带便当，不会去便利店里买，有时候也会给家人做。如果附近有大家评价较高的餐厅，偶尔也去尝一尝。如果是旅行时，就一定会吃当地车站的特色铁路便当，它们既美味又赏心悦目，可以打发坐火车的无聊时光。

食帖 ※ 做一份理想便当，你认为最重要的三个要素是什么?

Thomas：首先，便当一定要看起来非常有食欲！食物配色丰富一些，再搭配一个好看的便当盒，就能让人食指大动。其次，便当一定要营养均衡，荤素合理搭配。大家都喜欢吃米饭、鱼、肉，但是千万不要忘了蔬菜和水果。最后，一切从简，没有必要为了看起来丰富，而耗费许多食材来摆盘，一个便当里有三四种菜即可。

吴绣绣

做便当，是我最想坚持的习惯

赵圣丨 interview & text
吴绣绣丨 photo courtesy

“生涯懒立身，腾腾任天真”是绣绣的生活信条，她也在点滴生活中，不急不缓地将日子熨得平整、妥帖。

因为翻译过《早餐礼赞》《电影食堂》《明日的便当》等多部饭岛奈美的作品，在这过程中，奈美老师简单、亲切的料理风格，也影响着绣绣的饮食方式，平时她也会按照书中的食谱下厨。在她心中，饭岛奈美是位非常认真仔细的人，所有的细枝末节都讲解得十分清楚，有一种让人佩服的专业精神。

习惯，就是自然而然

做便当对绣绣来说，早已变成了习惯。因为饮食习惯的不同，中式便当与日式便当也有较大差异。日本人的便当大多是冷食，配杯热茶就好，因此他们的很多便当菜式也着重于“即便冷了也好吃”。而我们不管什么季节，心里喜欢的，到底是热气腾腾的食物。

绣绣将爱妻便当定义为“爱妻亲自送到公司的便当”，单身时代的她，就常自己带便当上班。婚后虽然离职当了主妇，但习惯未变，只是把“服务对象”从自己变成了先生。

对于“如何将制作便当坚持下来”这件事，绣绣只是笑笑说：“如果把做一件事当成习惯，不用特别费力去坚持，身心会自然而然地活动起来让你持续下去。”

在她心中，最好吃的便当，一定是妈妈做的。小学时的保温壶，多是土土呆呆的模样，绣绣妈妈特意给她准备了在当时十分漂亮的保温壶装便当。因为挑食，擅长烧菜的妈妈每次都用女儿爱吃的菜进行营养搭配，于是，儿时的每天中午就成了绣绣翘首盼望的时刻。

PROFILE

吴绣绣
从职场女性毕业成主妇，身体里天生自带白羊座小马达，每天产生蓬勃的劲头和想法用于家庭诸事。喜欢待在厨房里体会四季变化。

便当盒里，有 10%的爱就够了

如果被问到“一份优质便当中，最重要的是什么？”感性主义者应该会回答“是爱”。但理性派的绣绣认为，便当中应该包含 50% 的统筹安排、30% 的自我要求和约束、20% 的责任感，最后再加上 10% 的爱。

先生对于绣绣划分清晰的“爱妻便当”评价说，他娶了个每天都要翻新花头的太太，所以很期待打开便当盒的那一刻，总能看到新创作。

随性，就是最好的灵感

不仅是便当，绣绣对自制食物的要求都是看上去要诱人，吃起来也真正美味。

至于食物搭配的原则，说起来好像都是临时构思。因为她平时只会选择当季的蔬菜，除非有特别想吃的种类，否则都是去菜场观察哪些应季菜比较新鲜才会购买，之后再决定做成什么菜肴。

如果买好食材后没有灵感，多数情况下，绣绣会参照一些食谱书中的食材烹调方式，之后发挥自己的想象力，将它与现有材料组合。性格随性的绣绣，总是留给自己许多发挥空间，虽然没有尝试过一比一还原影视剧或书籍中的食物，但看过的书会在她的脑海中留下印象，下次有同样食材时，也会得到一些启示。

虽然同为做饭，便当里的饭菜和平时制作的日常三餐还是有些区别。前者每样菜的分量都不大，但花样较多，也更讲究每道菜之间的组合，最好味道互不干扰，像时间一久就会渗出较多汤汁的“炒蔬菜”就不太适合。放入便当里的蔬菜，绣绣基本都会采用温拌或凉拌的方式制作。

1
2
3

❶即使阴天，绣绣准备的“爱妻便当”里，也藏着好天气。❷“巧克力”也是绣绣做菜时的好帮手，这会儿正忙着检查今天食材是否新鲜。❸用温拌或凉拌处理的蔬菜，清爽适口，是便当中的主力配菜。

FEATURES | INTERVIEW

便当“实用力法则”

准备便当时，绣绣会将菜式分成几类：需要花时间炖煮的主菜（肉类）会提前一晚做好；可以直接放入便当盒的腌渍菜，也会提早准备；蔬菜和米饭则在当天早晨做早餐时顺便一起制作。

绣绣家的冰箱里经常存着一些常备小菜，既可直接食用，稍加料理也能成为方便的快手菜，节省了大量的制作时间。

装便当时，还有一种十分实用的分隔小盒，外观类似于蛋糕托，形状各异。绣绣最常用的是硅胶与纸制的两种，可以把不同饭菜分隔开来，防止串味。

市面上可挑选的便当盒种类很多，但因为“爱妻便当”对保温没有太多要求，绣绣平时使用较多的是木质、搪瓷以及铝制的便当盒（都不可微波加热），用它们装好的便当也十分美观。如果便当需要二次加热，最好还是选用玻璃等可微波加热材质的便当盒，或者直接购买可保温的品种。

除了便当盒，绣绣平日里喜欢收集（或自己制作）包便当盒的风吕敷，只是简单装饰一下，低调的便当瞬间就能变得华丽。

先生最爱的便当料理

绣绣说：“肉类，是男子便当的必备款。不给他们多多吃肉，怎么有力气赚钱养家？（笑）”

绣绣先生最喜欢的是梅子酱脚圈。脚圈外皮炖到入口即化，蹄筋还留有嚼劲，精肉绵软酥烂，又有微酸的梅子味。因为很费时间，绣绣并不经常制作，以至先生每次都觉得没吃够。

打开盖子的惊喜——塞满美味的便当。

1	2
3	4
	5

❶樱桃季来临，正在做着腌渍前准备的绣绣。❷工作日的中午，可能也是先生最期盼的时刻。❸即使独自在家，认真享受每一餐，同样充满仪式感。❹闲暇时烤一炉杏仁排，坚果香弥漫在房间里，又是个慵懒的午后。❺即便是简单的三明治，丰富的馅料也让它们变得与众不同。

梅子酱脚圈

Time 3h ♥ Feed 2

食材

新鲜猪脚圈 ………………………… 4 个
生姜片 ……………………………… 2 片
料酒、老抽 ………………………… 2 大匙
生抽 ………………………………… 3 大匙
肉汤 ………………………………… 100 毫升
梅子酱 ……………………………… 2 大匙
冰糖（敲碎）……………………… 1 大匙

TIPS：

因个人口味原因，绣绣不喜八角、茴香、桂皮之类的香料，所以这道红烧脚圈是纯粹的原味烧法，只用梅子酱增添风味。

做法

① 锅中加足量水，与姜片煮沸；脚圈洗净入锅，汆烫至变色，捞出清洗表面，略微放凉后，仔细拔去表面的毛。（建议购买“眉毛夹”，用来拔除鸡鸭猪表面的残毛非常方便。）

② 脚圈与足量温水倒入炖锅，大火煮沸，撇去浮沫，转为小火炖一小时。（若用筷尖能轻松刺入，说明已炖好。）

③ 捞出脚圈，放入另一锅内，加料酒、老抽、生抽（可根据个人喜好加适量辣椒），倒入肉汤，微火炖半小时，并不时舀起汤汁浇在脚圈上。

④ 放入冰糖和梅子酱，继续煮 10 分钟即可。

中村祐介

一颗饭团的包容力

Kira Chen | interview & text
Onigiri Society | photo courtesy

PROFILE

中村祐介
日本饭团协会总代表。他认为饭团是山海之味完美结合的日式慢食，也是日本文化和智慧的结晶。从 2013 年日本饭团协会创立至今，中村一直致力于全世界范围内的饭团文化推广。
日本饭团协会网站：http://www.onigiri-japan.com/

说起便当中的众多成员，饭团可是其中无法忽视的“元老”。无论是如今便利店中琳琅满目的各式即食饭团，还是母亲每日制作的爱心便当，甚至追溯至江户时代有名的幕之内便当中的俵饭团，饭团的身影从未离开过日本人的日常生活，当然，也从未离开过日本人的内心。

日本饭团协会策划创立的原宿新概念手作饭团店“onigiri stand Gyu!”『オニギリスタンド ギュッ』

饭团是日式的快餐（fast food），却也代表了慢食主义（slow food），更是日本的灵魂食物（soul food）。“想要将饭团的古老文化传递给更多的人！”带着这样的强烈愿望，日本饭团协会就此创立。

只要是日本人，就一定吃过饭团。米、盐、食材、海苔，四种简单的基本要素（甚至可以简单到只需要米和盐），即可搭配出无限可能。如此古老而美味的料理，如今却在世界范围内并不出名。但这因此促成了日本饭团协会的结成。这个协会的目标就是在 2020 年东京奥运会之前，能在世界范围内普及饭团文化，让更多的人体会到饭团的魅力，从而了解日本美食文化的实质。

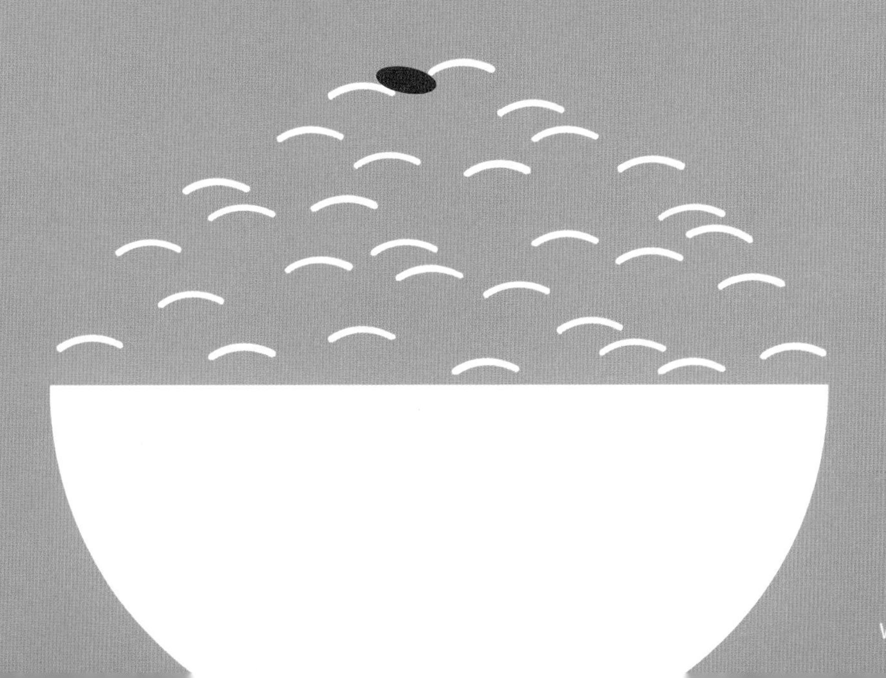

INTERVIEW

食帖 × 中村祐介

食帖 ※ 最初是如何想到专门为饭团成立一个协会的?

中村祐介（以下简称“中村”）： 2013 年，和食被认定为世界非物质文化遗产。以此为契机，我决定用自己的力量，让更多人更深入地了解日本的饮食文化。

寿司和天妇罗起源于日本江户时代，距今已有数百年，而饭团的历史则可以追溯至远古时代，这可是有弥生时代的饭团化石能证明的。可以说，饭团才是和食的根源。我们创立饭团协会的初衷，就是想提供一个让更多人了解日本饮食的入口，让世界各国的人能更多地了解饭团文化，以及饭团所代表的日本独有的价值观、生活方式和社会传统。

食帖 ※ 你认为饭团最大的魅力是什么?

中村：饭团简直是最有包容力的料理了！只要有米饭，无论和什么食材都可以完美地搭配。比如所有用来做面包的配料，放到饭团里都会很好吃，反过来将一些饭团的食材（比如梅干）放到面包里面，味道大概会奇怪得让人皱眉。而且，无论是谁都可以快速轻松地制作，也是饭团的独特魅力之一。另外最吸引人的是，饭团不仅美味，还是健康的减肥食品，在日本可是正在流行“饭团减肥法”呢。

食帖 ※ 在地道的日本文化中，关于饭团是否有固定标准?

中村：通常来说，在制作寿司时会有更明确的规定，比如要使用冷却之后的米饭，米饭要先与醋混合成醋饭，制作时米饭应该捏成固定的形状，配料一般使用鱼类或海鲜等。而制作饭团则几乎可以无视所有原则，任意发挥，无论是怎样的形状，怎样的食材，全世界的食物都可以成为饭团的一部分。做一份好寿司要花 20 年的时间练习，而制作饭团却是在任何地方、任何时候都可以体验到的乐趣。

食帖 ※ 在饭团协会的“日本稻米鉴赏”企划中，通常是从哪些方面对不同品种的米进行比较?目前为止你们发现的最适合做饭团的米都有哪些品种?

中村：只要是市售的刚刚收获并精磨过的新米，无论是产自日本的哪个地方，做成饭团都会非常美味。我们比较的时候，通常会从米粒的大小、口感、甜度等方面考虑，不过并不是为了分出优劣，而是为有着不同喜好的人们提供参考。以前我并不知道，仅仅是改变米的种类，做出来的饭团就会完全不同。大家也快去寻找自己最喜欢的饭团米吧。

食帖 ※ 在你看来，做出美味饭团的秘诀是什么?

中村：饭团（おにぎり onigiri）在日语里虽然来源于动词的“捏、握”（握る nigiru），但是做出真正好吃饭团的关键，却在于制作饭团的时候不要捏得过于用力。太用力揉捏，会破坏米的完整颗粒，因而失去蓬松的口感，饭团可就变得没那么好吃了。米粒本来就会因为自身的黏性而固定在一起，所以只是轻轻地将米聚拢成想要的形状就可以了。

食帖 ※ 饭团是如何分类的?

中村：根据形状可以将饭团进行大致的分类，主要是分成三角形、球形、长圆形和圆盘形四种。

食帖 ※ 在进行“饭团探访”的企划时，你们遇到过什么有趣或让人吃惊的事情吗?

中村：饭团探访的目的，就是想了解在日本各地大家制作饭团的不同方式，因此真的发现了各式各样以前从未见过的饭团。不过最让我吃惊的还是宫城县的裙带菜饭团!在大饭团里填入一个海苔包好的裙带菜小饭团作为填馅，双重饭团实在是太有趣了!

食帖 ※ 到目前为止饭团协会举办的活动中，最让你印象深刻的经历是什么?

中村：对我来说，最难忘的应该是 2015 年 5 月举办的米兰世博会，这也是日本饭团协会的首次海外活动。当时我们作为日本馆的代表，要在日本会场举办关于日本饭团的宣传活动，还邀请客人上台一起试做饭团。

在从日本到意大利的十二个半小时的飞机上，我们都还一直在担心这次的企划能否顺利进行。日本和意大利文化背景的差异，会影响这个美食之国的人们对日本饭团文化的理解吗?结果没想到的是，在欧洲对日本文化感兴趣的人有那么多!为期三天的活动，场场座无虚席，大家都争着上台亲手试试捏制饭团呢。

“哇，真的没想到比寿司还好吃!”“没想到饭团这么美味，可以再来一个吗!”听到客人品尝之后此起彼伏的感叹声，真的觉得能让这么多人认识到饭团的魅力实在是太幸福了。

食帖 ※ 在经历了三年的摸索和发展后，当年创立协会的初衷有改变吗?协会未来想如何发展?

中村：在这三年中，我们从零开始慢慢地将协会发展成现在的规模。在不断的探索中，和各种各样的人相遇，我们自己也慢慢地对饭团文化有了更深刻的了解。今年我们甚至还策划推出了一家新概念手作饭团店 onigiri stand Gyu!（オニギリスタンド ギュッ!），采用了“餐厅＋咖啡店＋酒吧”的集合理念，使用日本传统的一汁一菜模式，每天向客人提供营养均衡的创意手作饭团，搭配味噌汤和腌菜。

饭团的世界真的是无限大!我们现在的目标就是能在 2020 年的东京奥运会前，让全世界都认识到饭团的美味和有趣。并以此为起点，让人们进入真正的和食文化的世界。

不仅包含着世界上的任何食材，还包含着日本食文化，以及日本的价值观和悠久历史，这就是一颗饭团的包容力。

“日本稻米鉴赏”活动时拍摄的关东地区近郊的丰收稻田。

2015 年米兰世博会上，日本饭团协会组织的饭团文化传播活动。参加的人都被这种传统、美味、简单又有趣的食物征服了。

味噌烤饭团

Time 15min ♥ Feed 2

食材

米饭 ………………………………………… 200 克
砂糖 ………………………………………… 2 小匙
味噌 ………………………………………… 1.5 大匙
味啉 ………………………………………… 2 小匙
紫苏叶 ……………………………………… 4 片

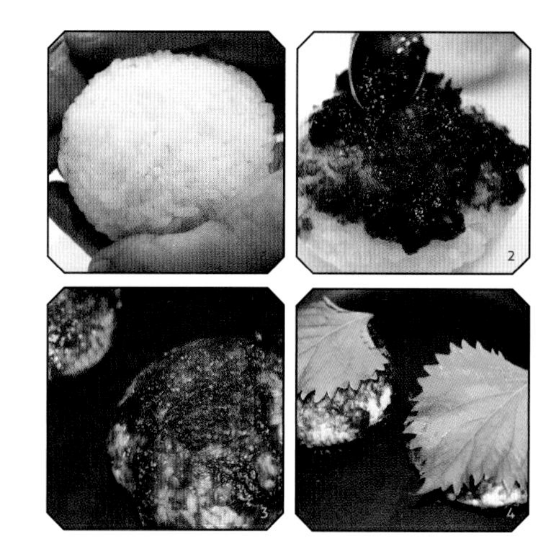

做法

① 将米饭分成两份，捏成圆盘型饭团。
② 将砂糖、味噌和味啉混合，均匀地涂在饭团上。
③ 平底锅烧热后，放入饭团烤脆。
④ 最后在饭团上下分别加入紫苏叶，两面稍加热后取出。

* 烤饭团时注意使用小火，否则饭团极易烤焦。
* 紫苏叶只要稍微加热便可以离火。
* 历史悠久的山形县乡土料理，曾经是上山做工的工人们经常携带的简易便当。

山药泥昆布丝饭团

Time 10min ♥ Feed 2

食材 ◇◇◇◇◇

米饭 ………… 200 克
梅子 ………… 2 颗
薯蓣昆布 * ………… 8 克
盐 ………… 适量

做法 ◇◇◇◇◇

① 手上蘸少许盐，将米饭分成两份，将梅子分别包入其中。

② 将饭团轻轻捏成长圆形后，在最外层包裹上薯蓣昆布。

* 为了保持薯蓣昆布的口感，注意要在最后轻轻地将其卷在饭团外，而不要用力按压。

* 薯蓣昆布：将真海带或利尻海带浸泡在醋中软化后固定成一捆，再从断面处削成细丝的一种腌制海带。因为煮后会迅速变软，呈现如山药泥一般的绵软质地，故而得名。

とろろ昆布おにぎり

Jun
只用一个三明治塞满便当盒

AgnesH 歡 | interview & text
Jun | photo courtesy

在日本被主妇们霸占的厨房天地里，偶然发现了一个热衷制作男子汉三明治和饭团的“家庭妇男”Jun，他的 IG 粉丝超过 2 万人，其中不乏擅长烹饪的日本主妇。在制作传统日式便当的风潮中，Jun 和他的男子汉三明治、男子汉饭团，构成了一道独特的风景。这些三明治与饭团制作起来简单快捷，却又不失健康美味。我们很好奇他为何选择回归家庭，主动承担起做饭和照顾宝宝的重任，所以直接将疑问抛给了这位大暖男。而他的故事，要从海上说起。

Jun 制作的 One-pack 三明治。

PROFILE

Jun
IG 博主（@jun.saji）。
热衷制作和分享男子汉三明治便当。

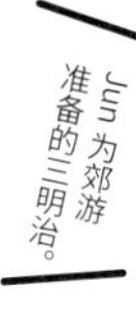

Jun 为郊游准备的三明治。

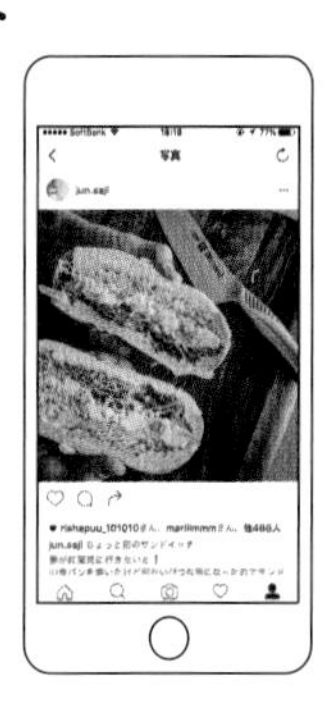

Jun 做的比萨。

INTERVIEW

食帖 × Jun

食帖 ※ 什么时候开始爱上下厨的?

Jun：说起和烹饪最早的渊源，应该是从 10 岁左右母亲教我制作黄油饼干时开始的。从那以后，我就沉迷于制作点心无法自拔，一直想成为点心师，但被妈妈阻拦了。20 岁时，我去做了海员。在船上的那段时间里，每天为了生计不得不自己制作三餐。就是从那时候开始，我对烹饪不再只是简单的兴趣爱好，而是有所领悟了。而我真正开始认真对待烹饪，并去学习和研究的契机，则是缘于 29 岁时与现在的妻子的相遇。为了让她吃得开心，才决心认真磨炼厨艺。

做那种超大份三明治是从一年之前开始的。第一次是和妻子一起试着做的，结果令人相当满意，于是就把当时的成果拍照上传到了网上，没想到收获许多称赞和喜爱，后来便经常做这种食物。

食帖 ※ 这些三明治的食材搭配方式都是你自己想出来的吗?

Jun：对，都是在跑步或者游泳的时候想到的。运动时，有趣的点子会不断地涌出来。我很喜欢活动身体，因为在运动中常常会有不可思议的事情发生，能获得源源不断的生活灵感。

食帖 ※ 制作这种三明治和饭团的时候，最重视的是什么?

Jun：便当制作是一种很令人享受的过程，在制作三明治或者不用捏的饭团时，能否完美地制作出漂亮的横切面，是我在意的重点。所以在叠加食材时需要反复考虑。除此以外，还要考虑如何搭配食材，才能最大限度地让食物变得美味。当然，最在意的还是品尝的人的反馈，想着他们的心情和喜好，才是重中之重。

食帖 ※ 针对忙碌的上班族，有没有快速制作午餐便当或三明治的诀窍?

Jun：其实一开始的时候，因为不能脑补出便当盒被全部装满的画面，就想做些简单的便当食物。当时正好学会了制作不用捏的饭团，就突然产生灵感——不如做一个全是饭团的便当吧，就不用考虑如何摆盘和装满便当盒啦。于是，同样的原理也被应用到制作 One-pack 三明治上。

将三明治和不用捏的饭团作为便当的主体，然后再考虑如何进行内馅的搭配，就会有一种简单明朗的感觉。当找到第二天的三明治或者不用捏饭团的馅料搭配方案时，第二天的早餐甚至晚餐的构成也有了答案。

食帖 ※ 怎样才能做出漂亮的三明治切面?

Jun：制作三明治时通常都会用到烘焙纸，但我更喜欢使用保鲜膜。将食材按照合理的顺序，一一叠上，用保鲜膜包紧后，再用锋利的刀子从中间一气呵成地利落切开，就可以获得层次分明的三明治切面。

Jun 和妻子一起制作的第一个大饭团。

食帖 ※ 除了三明治和饭团，还常做什么食物？

Jun：我最喜欢的是熏制类食物和比萨。其实我很希望在家庭料理中推广比萨，因为比萨的制作其实非常简单，只是往往被人们误认为是比较麻烦的食物。

食帖 ※ 最令你难忘的便当或三明治是什么？

Jun：是我和妻子一起制作的第一个 One-pack 三明治。因为是第一次，并且是和重要的人一起制作，意义比较特别。

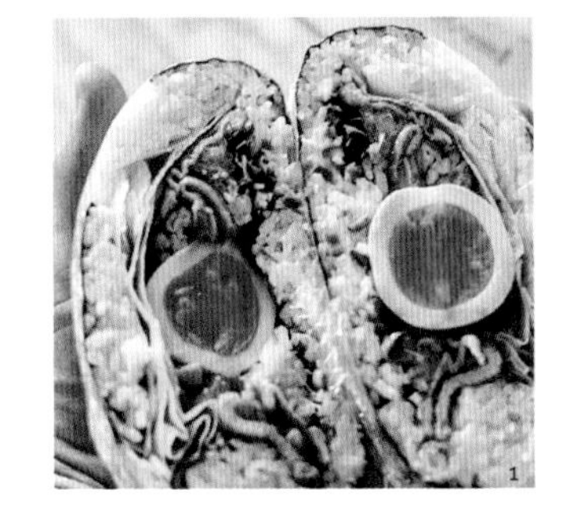

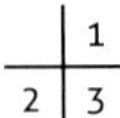

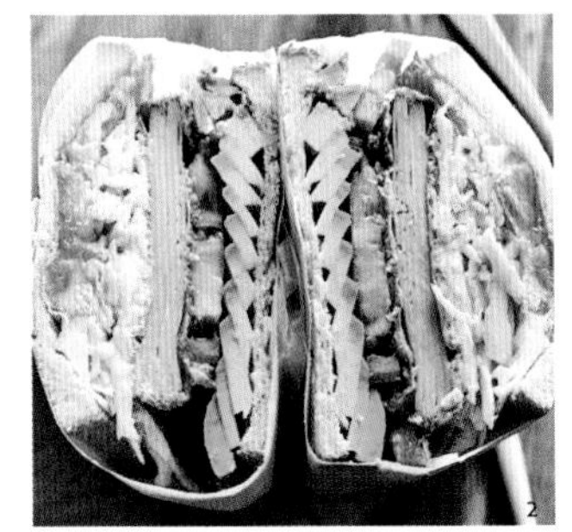

❶ 不用捏的大饭团。❷ 健康美味的牛油果火腿三明治，切面漂亮又整齐。❸Jun 制作的寿司。

Features
Guide

不可不知的便当制作小贴士

阿罗、赵圣 | edit
大黑熊子、RICKY | illustration

你是否经历过为了节约去餐厅吃饭的时间而准备便当，结果却发现准备便当的时间远远超出预期？是否经历过打开便当盒才猛然发现，昨晚还色泽明亮、爽滑可口的菜肴，现在看上去就让人食欲不振，口感也大失水准？

“便当压根儿没有大家说得那么好啊，既麻烦又不好吃。”许多人因此打了退堂鼓。

其实，这些都是初入便当之路时常见的难题，只要掌握了方法，并非无法解决。为此，我们精心总结了制作便当时易犯的种种错误，也整理出许多让便当真正便捷又美味的秘诀。读完你会发现，自己距离成为“便当达人”并不遥远。

01. 如何快速做便当？

① 周末列出下周食谱，集中采购食材。工作日的时间原本就紧张，当天或前一天买菜总是匆匆忙忙，也无暇认真考虑食谱搭配，下班后去买菜也往往会错失新鲜的食材。不妨利用周末，提前想好下一周的便当食谱，并集中采购可保存较长时间的食材。这样既可以节省工作日时间，也能令便当品质提升。

② 将需要冷冻的食材分装成易解冻的形状，每次取出一小份。冷冻是很方便的食物保存方法，可是解冻往往让人头疼。“啊！早上忘记从冷冻室里取出排骨，晚上回家再解冻就来不及做红烧排骨了”这样的状况是不是时常发生？冻成一大块的食材，解冻耗时较久，如果每次只需要一小部分，就更没必要等待整块食材解冻。因此，在将一次性购入的大量食材冷冻前，建议先将它们分装成一次所需的量。

③ 提前将食材处理成易保存的半成品。做菜最花时间的步骤往往在下锅前。想要快速准备便当，最应该压缩的莫过于准备时间。提前将蔬菜切块焯熟并控水或过油，或是把肉切好后腌制，就能有效节约制作便当菜肴的时间。

④ 充分利用电饭煲的预约功能，睡觉做饭两不误。谁说快手菜必须是三五分钟就能做好的菜？花样百出的焖饭、小火慢煨的浓汤，虽然看似需要两三个小时来烹饪，可是有了定时预约的电饭煲，简直不能更节约时间。睡前把食材放进电饭煲，预约好时间，一觉醒来把热腾腾的美味装进便当盒，立刻就能带走。

⑤ 尽量少使用锅碗瓢盆，节省清洗时间。洗洗涮涮也是烹饪过程中不知不觉耗费时间的大敌。能用一个锅完成的菜绝不动用第二个锅，能从案板直接下锅的食材绝不多用一个碗。尽可能避免不必要的洗洗涮涮，节省的不只是时间，还有宝贵的水资源。

02. 不是所有的食物都适合做便当

为什么前一晚还色香味俱全的菜肴，第二天打开便当盒盖时就让人胃口全无了呢？很有可能是因为选择了不适合做便当的食物。想要便当最大程度地保留食物刚出锅的样子，以下这些食材要尽量避免使用。

1）绿叶菜

炒制的绿叶菜，密封后容易变黄变蔫，经过二次加热，刚出锅时的清爽口感也会消失，因此不适合用来做热食便当。如果想要补充维生素，不妨换成西蓝花、冬瓜、胡萝卜和西葫芦等蔬菜，或者用绿叶菜做凉拌类冷食便当。

2）多刺的鱼

鱼肉鲜美，可是如果刺太多，作为便当吃起来会相当麻烦。如果一不小心将鱼刺混入米饭中，还可能卡到喉咙。因此制作便当的鱼肉最好还是选择无刺或只有少量大刺的，如龙利鱼柳、带鱼段、三文鱼、鲷鱼等。

3）内脏类

肝脏、毛肚、鸡胗等食材，烹饪时本就需要非常注意火候，二次加热后口感必然会变差。这一类食物还是现做现吃的好，制作便当时不建议考虑。

4）粉丝、粉条等淀粉制品

烹饪过程中，粉丝、粉条吸油收汁的效果非常好。可是一旦煮太久，汤汁被吸收得过分，粉丝、粉条就会糊成一团。二次加热往往就会造成这种效果。

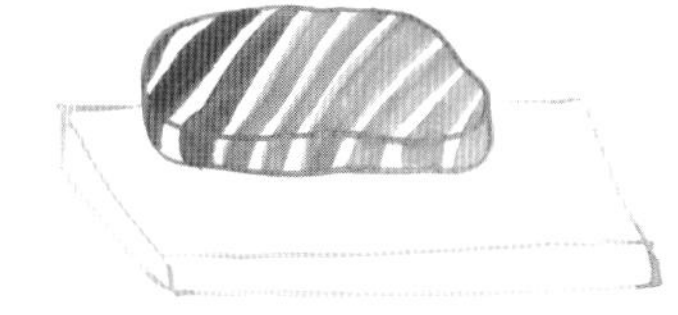

03. 你应该知道这些便当烹制秘诀

你问我制作便当与平时的烹饪有什么不同？区别大着呢。准备便当，需要另外考虑长时间保存和二次加热的影响，因此，你一定需要这些小窍门。

1）盐和糖适当多加

便当大多不是现做现吃，因此食物的保鲜尤为重要。在烹饪过程中比平时适当多加一些盐和糖，有助于为食物杀菌，延长保鲜期，同时口味稍重的菜肴也很下饭。

2）米饭适当多加水

米饭变凉或是二次加热后，都会稍微变硬。因此无论是制作冷食便当还是热食便当，在做米饭时都可以比平时适当多加一点水，这样便当中的米饭才能拥有恰到好处的口感。

3）去骨

鸡腿、筒骨等食材，其骨头的形状和体积往往会在装盒时令人头疼，加热时也不容易热透。所以，建议在烹饪前就将鸡腿去骨切块，或是在烹饪后将筒骨上的肉拆下，这样无论是制作还是食用便当都会更方便。

4）避免水分流失

制作冷食便当时，常常需要将蔬菜和水果切块。遇上黄瓜、西红柿等水分较多的蔬菜，如果切块太小，不仅会造成水分和营养成分的过分流失，也会导致便当菜里汁水过多，既不利于保鲜，也有可能破坏其他饭菜的美味。因此，便当里的蔬菜最好切成“简单粗暴”的大块，并尽量避免使用汁水过多的食材。

04. 装便当是门技术活

便当怎么装才能好吃、好看又安全卫生？除了色彩搭配，要注意的问题还多着呢。

1）热装冷藏

许多人喜欢等饭菜冷却后再装入便当盒，但是食物位于碗碟或是锅中时，接触空气的面积远比在便当盒中要大，也更容易滋生细菌。因此，只有将食物趁热装入便当盒，静置降温，待冷却后再密封冷藏，方能最大限度地保证食物的卫生安全。注意：尽量不要在食物冒着热气时将其密封，这样会令容器内产生较多水蒸气，进而滋生细菌，加速食物变质。

2）饭盖菜

微波炉加热煎鱼、卤肉、腊味等油脂较多的食物时，往往会导致其口感变干。装便当时不妨将这一类食物置于底层，将米饭盖在其上。这样一来，加热时米饭的水汽保护住了油脂，被盖住的食物的加热速度相对较慢也更均匀。

3）适当分区

装便当的时候，哪些菜可以挨在一起，哪些菜务必要隔开，都是学问。会褪色的蔬菜尽量不要与其他食物直接相邻，应做一些隔断，否则会染色。水分较多或酸味较重的菜，要避免与炸物相邻，因为会令炸物吸收水分或酸性，破坏原本的酥脆口感。酸性菜肴尽量避免与绿叶菜相邻，会令后者变色。

05. 你真的选对了便当盒吗?

市面上的便当盒种类众多，如何选到适合自己的那一款？我们整理了最常见的五种便当盒，从密封性、便携性、清洁难易度等多方面进行对比，帮你认清各种便当盒的优缺点。

01. 不锈钢便当盒

密封性：★★★
便携性：★★★
清洁难易度：★★★★
优点：部分有保温功能
缺点：无法用微波炉加热

不锈钢餐盘成为众多食堂的首选不是没有原因的。就算装过大油的食物，不锈钢便当盒也能轻松清洗干净。不锈钢便当盒中还有许多有着保温功能，不过这类便当盒的密封性往往不佳，不适合装汤汁较多的菜。不能保温的单层不锈钢便当盒配上密封圈，密封性有了保障。但是不锈钢材质本身无法使用微波炉加热，所以比起热食，更适合携带冷食便当。

02. 塑料便当盒

密封性：★★★★
便携性：★★★★★
清洁难易度：★★

论方便携带，自重轻、易加热、密封性也不赖的塑料便当盒绝对可以排第一。不过塑料材质的便当盒清洁起来相对不那么容易。没有洗洁精，休想把油腻腻的塑料便当盒洗干净。碰上咖喱、番茄酱这样色素较重的食物，塑料便当盒最好还是离远点儿，一旦染色就别想再变回去了。

03. 玻璃便当盒

密封性：★★★★★
便携性：★★★
清洁难易度：★★★★★
优点：入得了烤箱，
　　　进得了微波炉
缺点：太重

玻璃饭盒的密封性不是一般的好。气味再浓郁的菜，装进玻璃饭盒，就不必担心“余香绕包，三日不绝”。玻璃材质也很好清洁，重油重色都不在话下。最重要的是，它既能进微波炉，也能进烤箱。美味的焗饭、千层面，直接从烤箱取出就能带走，完全省去装盒的步骤。唯一遗憾的就是玻璃实在是有点儿重，携带起来不够方便。

04. 电热便当盒

密封性：★★★★
便携性：★★★
清洁难易度：★★★★
优点：蒸菜小能手
缺点：煎炒炸菜伤不起

电热便当盒最大的特点就在于采用的是隔水加热的方法，加热过程中不必担心食物会失去水分。米饭和许多蒸菜用微波炉加热后口感会变干，使用电热便当盒就不必担心这个问题。不过，这也是把双刃剑。爽脆的炒菜、香酥的煎炸食物碰上电热便当盒，就再也回不到原来的口感了。

05. 木质便当盒

密封性：★
便携性：★★★
清洁难易度：★★★
优点：透气保鲜

论颜值，经典的木质便当盒是当之无愧的第一名。木头本身的材质决定了木质便当盒有着绝佳的透气性，但与之对应的密封性就较差了。加上木质便当盒本身无法进入微波炉加热，建议还是用来携带少油少汤汁的冷食便当最适宜。

♥：最后，千万不要忘了带餐具！这绝对是许多人凝结了无数眼泪的经验教训。

搞定常备菜，一周便当已成功一半

Freeze_Jing、陈晗、赵圣 | edit
Freeze_Jing | cook & photo

01

提前搞定，不费力的省时美味

制作常备菜更省时的方法，是将所用食材提前处理好，并按类别储存，随用随取，快捷方便。

每次看到有人带着自制便当上班，羡慕的同时，总要忍不住感慨，他们究竟要早起多久，才能制作出如此丰盛的便当。

在询问便当达人后得知，原来多数人制作便当的秘密武器，就是“常备菜”。这种可以提前制作、保存期从几天至一周不等的“新式菜”，让懒人也能在午间吃上自制便当。

如制作意面时使用的番茄肉酱，可提前将洋葱、番茄等食材洗净切块，处理好后放入密封容器，冷藏保存。需要时可随时取出进行烹调，既能节省时间，又能最大程度地保存食材的鲜味。

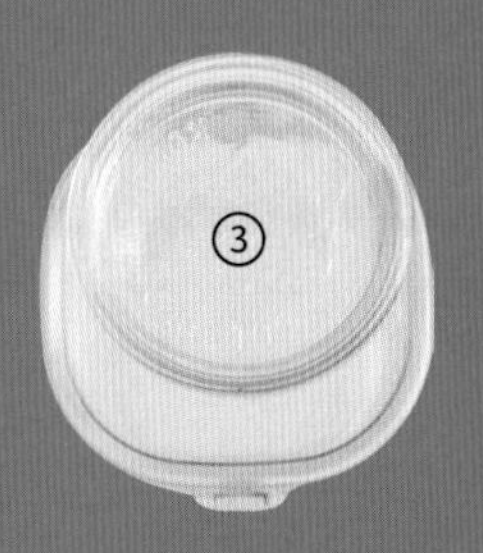

保存常备菜（常备食材）所使用的工具，最重要的一点就是密封。虽然材质不同，但建议选择便于收纳的常规形状，这样储藏空间也会更加整齐。

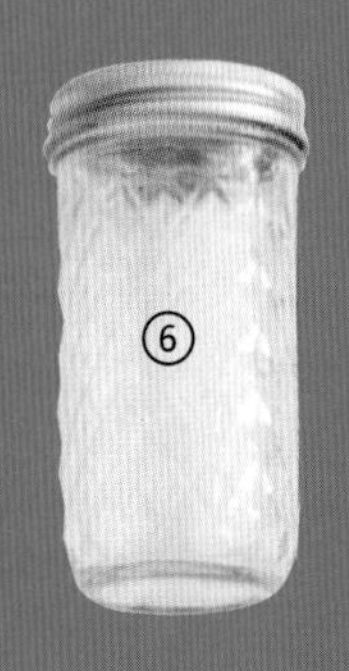

黑醋照烧汉堡肉饼

Time 20min ♥ Feed 4

食材 ◇◇◇◇◇

肉馅 ………………………… 300 克
洋葱 ………………………… 1/4 个
鸡蛋液 ……………………… 1/2 个
面包糠 ……………………… 1/4 杯
牛奶 ………………………… 2 大匙
盐 …………………………… 3 克
肉豆蔻粉 …………………… 少许

照烧酱汁用

酱油、黑醋、水、味啉 ……… 各 2 大匙
砂糖 ………………………… 4 小匙

做法 ◇◇◇◇◇

❶ 洋葱切碎末，炒软并冷却；面包糠中加入牛奶，稍微搅拌后静置；将照烧酱汁的材料全部混合均匀。

❷ 取一只大碗，加入肉馅、鸡蛋、炒洋葱、面包糠、肉豆蔻粉和盐，混合均匀至肉馅产生黏性。

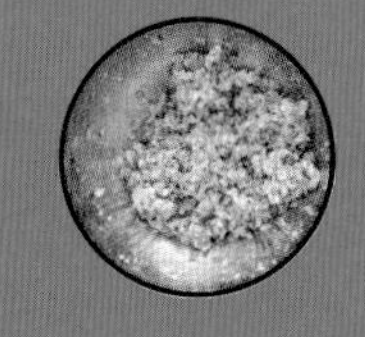

❸ 将馅料均分成 8~10 等份，先揉成球，再轻轻按压成饼。

❹ 中火加热平底锅，倒入食用油烧热后，放入肉饼，两面煎至均匀上色。盖上盖子，转小火焖 5~8 分钟至内部熟透，关火，装盘，将混合好的酱汁淋上即可。

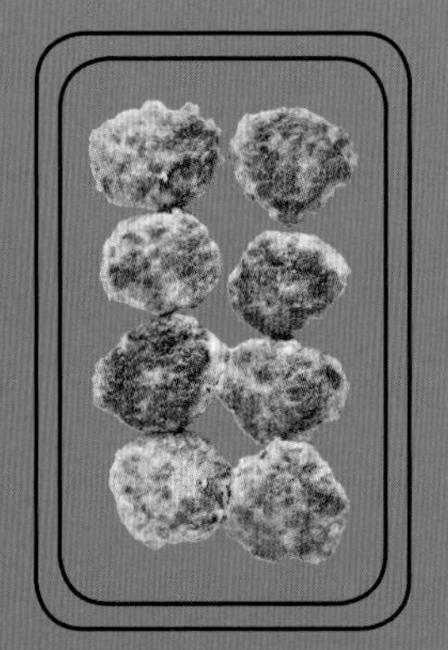

TIPS 01

① 将馅料按压成饼后，放在不粘的保鲜盒中，放入冰箱冷冻，可保存 10 天左右。食用前从冷冻室取出，淋少许水，小火煎熟即可。
② 混合好的酱汁可另起一锅，用小火加热浓缩至黏稠，这样酱汁可附着在肉饼表面。如不加热，汤汁较稀，会变为腌渍状态渗入汉堡肉内。

02

Recipe

8 道常备菜，填满每日便当

咖喱鸡

Time 15min ♥ Feed 2

食材 ◇◇◇◇◇

鸡腿肉 ……………………… 1 块(约 200~300 克)
盐 …………………………… 少许
橄榄油 ……………………… 少许
酸奶 ………………………… 3 大匙
咖喱粉 ……………………… 1 大匙
酱油 ………………………… 适量
番茄酱、蜂蜜 ……………… 各 1/2 大匙
黑胡椒粉 …………………… 少许

做法 ◇◇◇◇◇

前一天

❶ 鸡肉切成一口大小，加入酱油、盐腌渍 15 分钟，用厨房纸巾将浸出的水分吸干。❷ 将酸奶、咖喱粉、番茄酱、蜂蜜、黑胡椒粉混合均匀，倒入密封容器或密封袋中，放入腌渍好的鸡肉，稍微揉搓使酱汁分布均匀。放入冰箱冷藏一晚。(冷藏可保存 4 天)

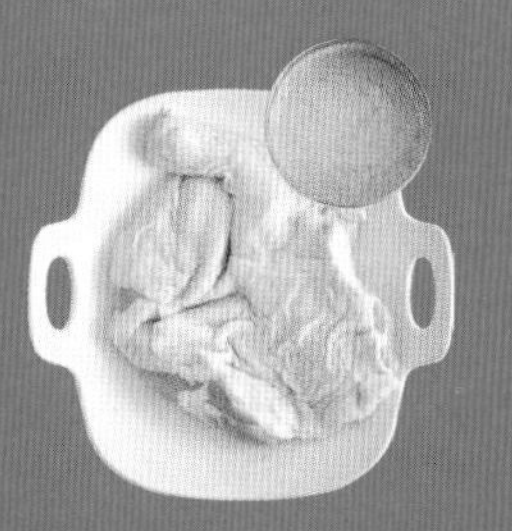

第二天

❸ 取出鸡肉，用厨房纸巾将表面汁液轻轻吸干。平底锅开中火烧热油，放入鸡肉，转小火煎至两面金黄即可，也可用烤箱 190℃ 烤 7~8 分钟。

酱油蛋

Time 10min Feed 2

食材 ◇◇◇◇◇

水煮蛋（熟度依个人喜好制作）………… 2个
酱油、日本酒、味啉、水 ………… 各2大匙
鲣节 ………… 1小把

做法 ◇◇◇◇◇

前一天

❶ 将酱油、日本酒、味啉、水和鲣节放入小锅，煮至沸腾，关火，静置至温度下降后将鲣节滤掉。
❷ 倒入密封容器或密封袋中，放入去壳水煮蛋，冷藏腌渍一晚。（冷藏可保存3天）

第二天

❸ 将鸡蛋取出切半，装入便当盒即可。

TIPS 01

① 处理水煮蛋时，可将鸡蛋在水开后煮3分钟，关火后用凉水冲洗。
② 如果是做常备菜，建议鸡蛋最好不要煮得太生，否则容易变质。

橄榄油浸虾

Time 20min Feed 2

食材 ◇◇◇◇◇

虾（去皮）………… 10只
盐、黑胡椒粉 ………… 适量
大蒜（切片）………… 3瓣
香草（欧芹、罗勒）………… 适量
橄榄油 ………… 2大匙

做法 ◇◇◇◇◇

前一天

❶ 虾肉上撒少许盐，静置15分钟后，将渗出的水分用厨房纸巾吸干。

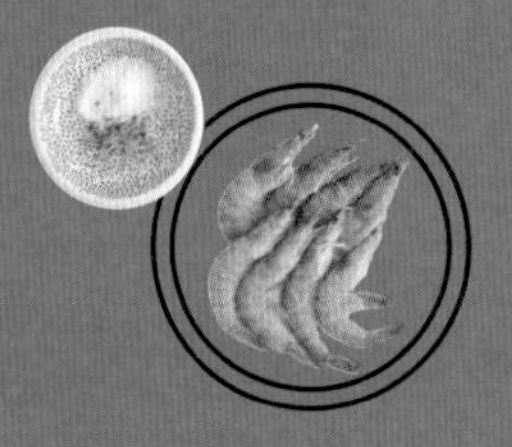

❷ 在密封容器或密封袋中加入切碎的蒜片、香草、橄榄油与虾肉，混合均匀，放入冰箱冷藏一夜（冷藏可保存2~3天）。

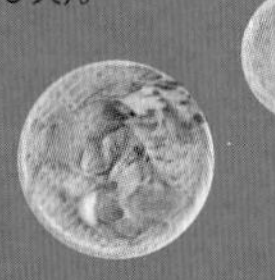

第二天

❸ 平底锅烧热，倒入虾肉，再撒少许盐和黑胡椒粉，快速翻炒至虾被热透即可。

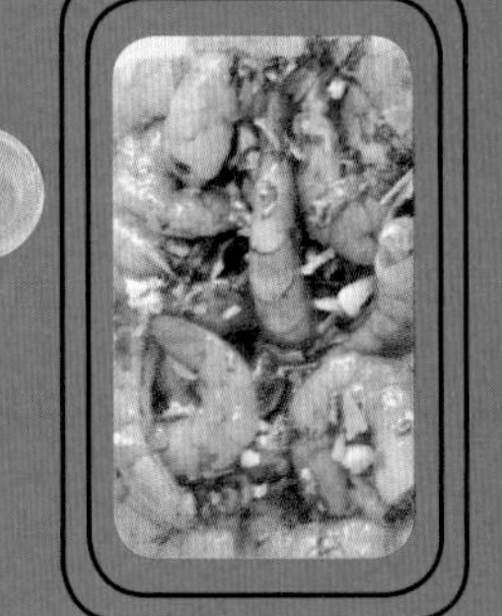

TIPS 01

如果喜欢蒜味，可尝试多加一些大蒜（食谱中放了3瓣），切成蒜末后，在腌渍时与香草一同放入，蒜的味道和橄榄油十分搭配。

柠檬浅渍海带丝蟹肉棒

Time 15min Feed 2

食材 ◇◇◇◇◇

海带 ………… 100克
蟹棒 ………… 4~5根
柠檬 ………… 1/2个
酱油 ………… 3大匙
蜂蜜 ………… 1大匙
柴鱼粉 ………… 1/2小匙
红辣椒 ………… 4~5根

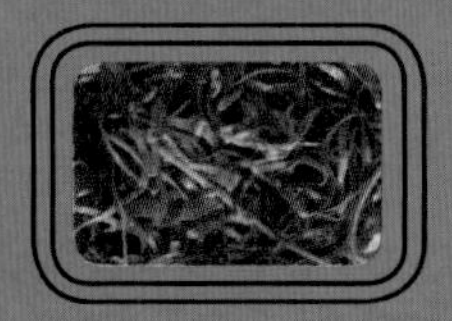

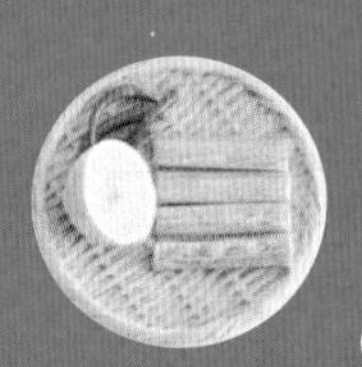

做法 ◇◇◇◇◇

❶ 蟹棒化冻，撕成细丝待用；若使用盐渍海带，需提前洗净，用清水浸泡半小时，将盐分泡出，沥干水分待用。
❷ 取一只小碗，柠檬挤汁后，加入酱油、蜂蜜、柴鱼粉，混合均匀制成调味汁。
❸ 将海带、蟹棒放入大碗内，加调味汁和红辣椒圈，拌匀后装入保鲜盒，放入冰箱冷藏即可（冷藏可保存3~4天）。

薄蛋烧蔬菜卷

Time 15min ♥ Feed 1

食材 ◇◇◇◇◇

鸡蛋液 ………… 半个量
砂糖、盐 ………… 少许
水淀粉 ………… 1 小匙
菠菜 ………… 2 棵
酱油 ………… 1/2 小匙
色拉油 ………… 少许

做法 ◇◇◇◇◇

❶ 取一只大碗，放入鸡蛋液、水淀粉、砂糖、盐，混合均匀。平底锅内倒少许油并烧热，倒入混合蛋液，摊成薄蛋饼。

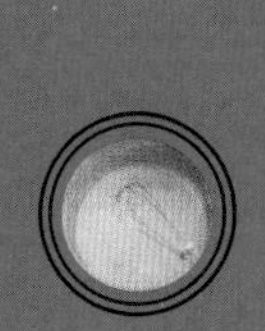

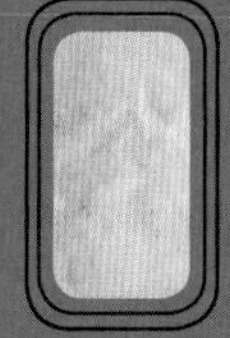

❷ 将菠菜放入加有少许盐的水中焯熟，再立刻放入冰水中浸泡冷却，挤干水分后，淋少许酱油拌匀。

❸ 用蛋饼将菠菜卷起来，尽量卷成细卷，并切分成一口大小，便于食用。

TIPS 01

① 食谱可制作图中两个蛋卷的量，若想制作更多，可成倍增加用量。
② 做成常备菜时，可提前将蛋皮摊出，菠菜煮好挤干水分，分开放置在冰箱。

意面肉酱

Time 20min ♥ Feed 2

食材 ◇◇◇◇◇

牛肉馅 ………… 150 克
番茄 ………… 1 个
洋葱 ………… 1/4 个
罗勒叶 ………… 3~4 片
橄榄油 ………… 1 大匙
番茄酱 ………… 100 毫升
盐 ………… 1 小匙
糖 ………… 1 大匙
酱油 ………… 少许

做法 ◇◇◇◇◇

❶ 番茄、洋葱切丁，罗勒叶切碎，所有调味料放入碗中，搅匀待用。

❷ 锅中放油，依次加入牛肉馅、番茄、洋葱、调味酱，小火翻炒均匀。

❸ 待洋葱炒软、番茄类炒成酱状物时，加罗勒叶炒出香味，出锅后放入密封罐中保存即可。

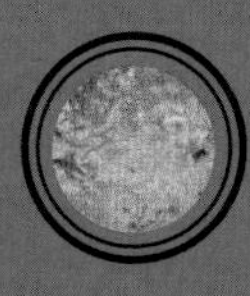

TIPS 01

做好的肉酱可随时与煮好的意面制成肉酱意面，也可与米饭搭配，做成肉酱盖饭。

菌菇饭

Time 30min ♥ Feed 4

食材 ◇◇◇◇◇

大米 ………… 2 杯
香菇 ………… 2 个
蟹味菇 ………… 1 小把
白玉菇 ………… 1 小把
白芝麻 ………… 1 大匙
香油 ………… 1 小匙
酱油 ………… 3 大匙
糖、柴鱼粉 ………… 1 小匙
味啉 ………… 1 大匙

做法 ◇◇◇◇◇

❶ 大米淘洗干净，香菇去蒂切片，白玉菇、蟹味菇去根待用。

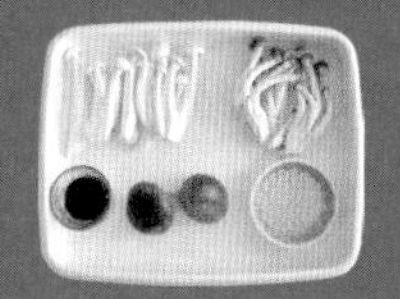

❷ 将大米放入电饭锅中，加入与之等量的水，然后依次放入香菇、白玉菇、蟹味菇、酱油、糖、味啉、柴鱼粉，搅拌均匀，按照正常程序蒸饭。

❸ 待饭蒸好后，拌入白芝麻和香油即可。

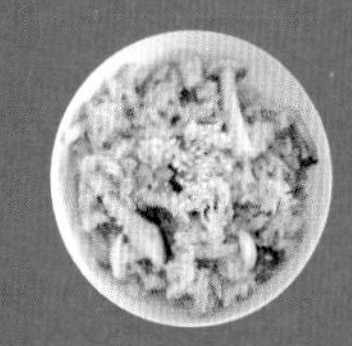

03

不留空隙，才是装便当的终极要义

便当盒需要随身携带，如果摆放不紧密，饭菜很容易在途中变换位置，导致串味。将便当盒填满不留缝隙，是一份成功便当的首要条件。

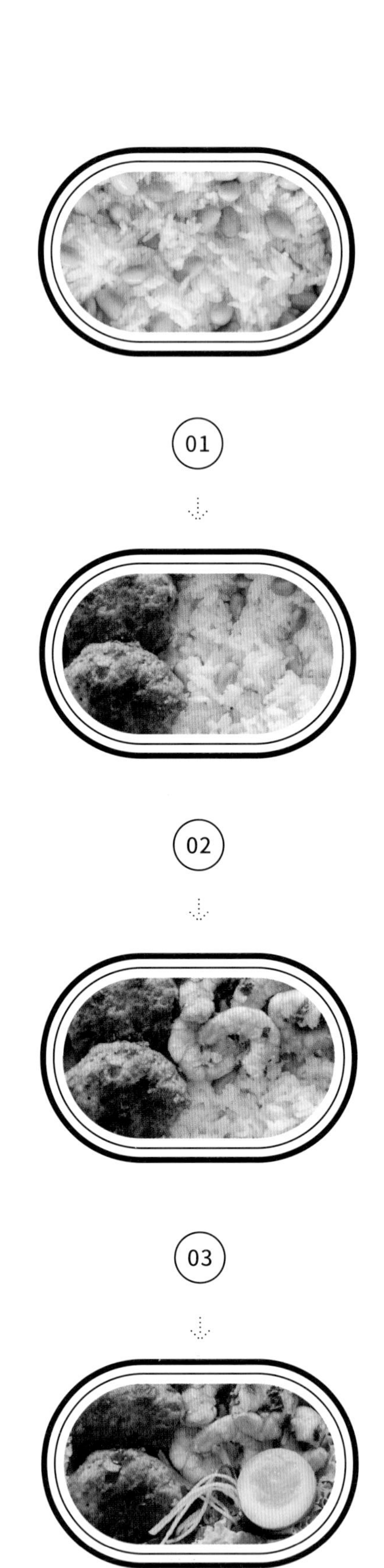

STEP 01 | 主食担当

主食需最先放入。如便当盒较小或主食比例较大，可分成两份，均匀铺于底部。

STEP 02 | 主菜上场

主菜是每日便当中最令人期待的部分，分量通常较大，也可根据主菜位置，构思饭菜整体布局。

STEP 03 | 配菜定位

配菜口味如与主菜相似，可靠近摆放。若担心菜中汤汁浸入主食，也可在中间放一片生菜，起到隔断作用。

STEP 04 | 小菜填隙

至此，便当盒已基本填满，可用小菜将剩余空隙补齐，盖上盒盖，就可以带出门了。

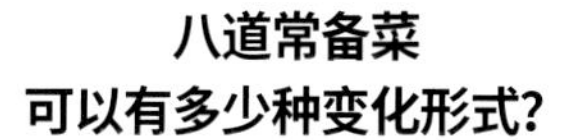

八道常备菜可以有多少种变化形式？

这次我们组合了三款不同风味配菜，用常备菜填满便当盒，完全不是问题。

Group 01

- 菌菇饭
- 咖喱鸡
- 薄蛋烧蔬菜卷
- 橄榄油浸虾

Group 02

- 肉酱意面
- 酱油蛋
- 薄蛋烧蔬菜卷

Group 03

- 毛豆饭
- 黑醋照烧汉堡肉饼
- 酱油蛋
- 橄榄油浸虾
- 柠檬浅渍海带丝蟹肉棒

无论多久，美味不减

【便当沙拉大集合】

白雪薇 | edit
姗胖胖 | cook & photo
赵圣 | cooperation

提到沙拉，总觉得是冷盘拌菜，到了冬天就有点儿不太愿意靠近它。但是真正热爱沙拉的人，绝对不会认为它是简单的冷盘拌菜。讲究的沙拉，每一种食材都要认真选择，酱汁也要精心调配，既要追求整盘沙拉的美感，又要注重风味与营养的搭配组合。在巧思妙手之下，沙拉是拥有无限可能的食物，而它的简便和丰富，也使其成为便当中不可或缺的角色。

但是，适宜装入便当盒携带的沙拉，汁水不宜过多。为了节约每天制作便当的时间，可以在周末就将下一周的沙拉提前做好。这时，便于长期保存的沙拉食谱更显重要。这一次我们分享的6道沙拉食谱，正是“提前做”的好选择。

鸡腿肉沙拉

Time 40min ♥ Feed 4

冷藏保存 | 4~5天　冷冻保存 | 30天

食材

- 鸡腿 …… 2个
- 花椰菜 …… 半个
- 土豆 …… 2个
- 紫洋葱 …… 60克
- 生菜叶 …… 3大片
- 芝麻菜 …… 20克
- 色拉油 …… 1/2汤匙

调味用 | A

- 盐 …… 1/2茶匙
- 胡椒粉 …… 适量

调味用 | B

- 芥末、英国辣酱油、水 …… 各1汤匙
- 蛋黄酱 …… 4汤匙
- 酱油 …… 1/2汤匙

做法

① 鸡腿洗净去骨，切断肉筋，用A中配料调和腌制；同时将B中配料混合，做成沙拉酱。

② 土豆洗净，用保鲜膜包好，放入微波炉加热3分钟，上下翻面后再加热两分钟，取出切块。

③ 将花椰菜掰小块焯熟，生菜叶和芝麻菜切成方便食用的大小，紫洋葱切条。

④ 平底锅中倒入色拉油，将鸡腿肉鸡皮一面朝下，中火煎3~4分钟，鸡皮变脆后翻面，转小火再煎4~5分钟，切成一口大小。

⑤ 将蔬菜放入大碗中，撒上切好的鸡肉块，食用时再倒入酱料即可。

烤虾仁蔬菜沙拉

意大利香醋风味

Time 45min ♥ Feed 4

冷藏保存 | 2~3天　冷冻保存 | 30天

食材

虾（黑虎虾等）…… 12只
西葫芦 …… 1根
长茄子 …… 2根
南瓜 …… 200克
红椒 …… 1个

调味用 | A

橄榄油 …… 4汤匙
奶酪粉 …… 1/3汤匙

调味用 | B

意大利香醋、橄榄油 …… 各4汤匙
盐 …… 2/3茶匙
胡椒粉 …… 适量

做法

① 将虾去壳去头，挑出虾线。西葫芦切长片，每片约4~5毫米厚。茄子去蒂，切4~5毫米厚薄片。南瓜去籽，切4~5毫米厚薄片。彩椒去籽，切成2毫米宽的长条。

② 在虾和蔬菜表面涂上橄榄油和奶酪粉，在烤盘内摆放均匀，用200°C烤10分钟。

③ 将B中配料混合，放入烤好的虾和蔬菜搅拌均匀即可。

TIPS | 01

① 因为烤制时间相同，所以尽量将蔬菜切成同等大小。
② 要将奶酪粉和橄榄油均匀涂在蔬菜表面，这样成品会更加美味且具有光泽。
③ 茄子和西葫芦的表皮较厚，建议烤制前在表皮上多划几刀。

土豆沙拉

Time 35min ♥ Feed 4

冷藏保存 | 4~5天　冷冻保存 | 60天

食材

土豆 …… 4~5 个
火腿片 …… 5 片
溏心蛋（七分熟） …… 3 个
洋葱 …… 120 克
黄瓜 …… 1 根
蛋黄酱 …… 150 克
欧芹碎 …… 适量

调味用

盐 …… 1/2 茶匙
胡椒粉 …… 适量
醋 …… 2 汤匙
色拉油 …… 1 汤匙

做法

① 将洋葱切碎丁，黄瓜切圆形薄片，土豆洗净后切成 4 块，火腿片切成 1 厘米见方薄片，两个溏心蛋去壳后切碎，另一个溏心蛋切块作为装饰。

② 在锅中放入土豆和水，煮开后转小火，继续煮 15 分钟至土豆能用筷子穿透。取出土豆，趁热剥皮，再将土豆压成泥。

③ 将洋葱碎、黄瓜用盐腌制 15 分钟，使蔬菜脱水，之后冲洗一遍，再用厨房用纸吸去多余水分。

④ 将所有食材和调味料混合均匀，装盘，点缀上溏心蛋块，再酌情撒少许欧芹碎即可。

柠檬风味泡菜

Time 20min ♥ Feed 1~4

冷藏保存 | 14天　冷冻保存 | 30天

食材

芹菜 …… 2根
黄瓜 …… 2根(约200克)
红椒 …… 2个(约60克)
柠檬 …… 1个(约70克)

调味用

醋、水 …… 各250毫升
砂糖 …… 35克
粗盐 …… 1茶匙(约6克)
月桂皮 …… 1片
红辣椒 …… 1个
黑胡椒粒 …… 1/2茶匙

做法

① 将芹菜茎、黄瓜切成一口大小，红椒去籽切小块，柠檬洗净切圆形薄片，去掉柠檬籽。
② 在锅中加入调味料，煮开后放入蔬菜和柠檬至再次煮开，静置冷却。
③ 密封罐放入沸水中煮5分钟消毒，捞出沥干水分。
④ 将蔬菜、柠檬和汤汁倒进去，冷却3小时后即可食用。

TIPS | 01

腌制的蔬菜分量控制在400~600克为宜。

胡萝卜坚果小菜

Time 30min ♥ Feed 1~4

冷藏保存 | 3~4天

食材

胡萝卜 ······ 200 克
核桃 ······ 20 克
花生 ······ 20 克
香油 ······ 1 汤匙

调味用

酒 ······ 1 汤匙
酱油 ······ 1/2 汤匙
味啉 ······ 1 汤匙
砂糖 ······ 1 汤匙

做法

① 将胡萝卜切成 5~6 厘米的长丝，核桃用手掰成碎块，花生剥壳。
② 平底锅中倒入香油，大火炒胡萝卜丝 2~3 分钟至炒软，加入调味料，再下核桃和花生略微翻炒几下，即可出锅。

坚果杂蔬沙拉

Time 30min ♥ Feed 4

冷藏保存 | 2~3天　冷冻保存 | 30天

食材

豇豆 …… 6根
豌豆 …… 40克
胡萝卜 …… 半根
西蓝花 …… 1/4个
藜麦 …… 100克
黑眼豆 …… 100克
开心果 …… 适量
杏仁 …… 30克
核桃 …… 30克

调味用

意大利香醋 …… 2汤匙
枫糖浆 …… 2汤匙
酱油 …… 1汤匙
姜汁 …… 1汤匙

做法

① 将黑眼豆提前浸泡24小时，泡好后用热水煮20分钟。

② 将藜麦淘洗干净，用热水煮15分钟，捞出沥干水分，静置冷却。

③ 将西蓝花掰成碎块，用热水煮30秒，捞出过冷水，沥干水分。

④ 胡萝卜、豇豆切丁，将胡萝卜、豇豆、豌豆一起下锅，用热水煮3分钟，捞出过冷水并沥干水分。

⑤ 将所有调味料混合，加入全部食材，拌匀即可。

花点时间，工作日便当也有新花样

RECIPE 01

星期一

深深深蓝 Hana | text & photo
赵圣 | edit

如果你经常自制便当，是否也经常为“今天做点什么”而困扰？在尝试过诸多快手菜后，偶尔也愿意多花些时间和心思，将常见的简单食材，通过不同的烹饪方法，搭配组合出令人耳目一新的便当。

每周的便当组合，建议在周末提前计划好，这样既可以让每天的便当制作更加从容，也是每周一次面向自己的头脑风暴，把它当作游戏吧！

不管你的周末是和朋友在外游玩，还是舒服地在家休息，周一的到来，对你来说都不会是多么开心的事。在不愿去上班的周一，有份多彩的“四色饭”便当诱惑你，作为工作日的起点，应该是个不错的选择。

四色饭便当

Time 15min ♥ Feed 1

食材 ◇◇◇◇◇

米饭 …… 适量
鸡肉（也可根据个人喜好，替换成牛肉或猪肉）…… 1小块
玉米淀粉 …… 1勺
鸡蛋 …… 1个
杏鲍菇 …… 适量
甜豆 …… 适量
炒香的白芝麻 …… 少许
炒面酱（市售酱料比较方便，也可自制）…… 适量
食用油 …… 适量
盐、黑胡椒粉 …… 适量

做法 ◇◇◇◇◇

① 鸡肉切丁，加盐和黑胡椒粉腌制片刻，用玉米淀粉抓匀。锅中加适量油，放鸡肉丁炒熟，最后倒入白芝麻，略微翻炒即可，盛出待用。
② 鸡蛋打散，加盐和黑胡椒粉混合均匀。锅内倒适量油，放入鸡蛋液，快速炒匀并用锅铲铲碎，炒至鸡蛋颜色变深即可，盛出待用。
③ 甜豆去丝，与杏鲍菇分别切丁，并炒熟调味待用。
④ 装便当时，先在盒中铺一层米饭，并在上面分别铺好之前制作的四色食材，最后均匀撒些白芝麻即可。
⑤ 将所有调味料混合，加入全部食材，拌匀即可。

RECIPE 02

星期二

作为腐皮寿司爱好者，巴不得每天都能吃到这个胖嘟嘟的家伙。买来的腐皮味道极好，即使单吃也很满足，这次做了与之相搭配的大虾可乐饼，来表示对腐皮的“敬重”。

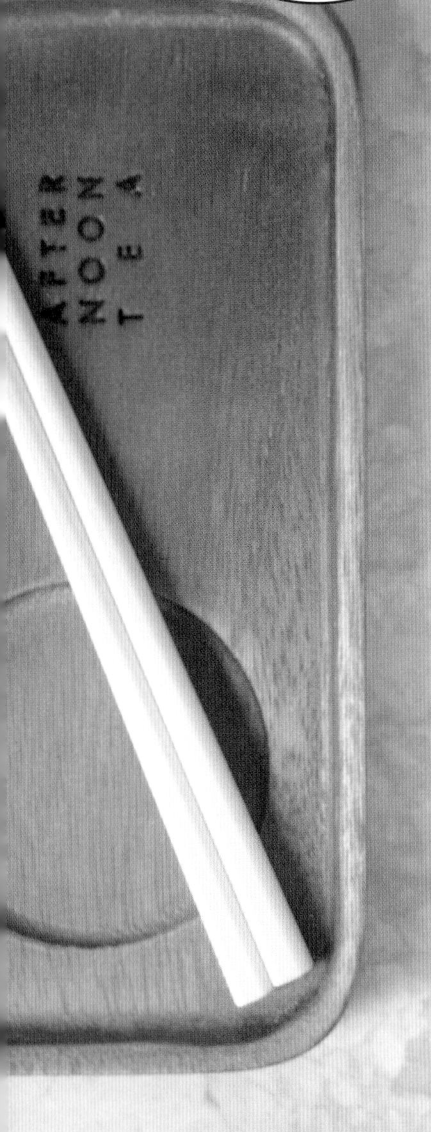

大虾可丽饼便当

Time 35min ♥ Feed 1

食材

米饭 ······ 适量
腐皮 ······ 2 张
大虾 ······ 2 只
小土豆 ······ 1 个
鸡蛋 ······ 1 个
面包糠 ······ 适量
西蓝花 ······ 2 朵
牛奶 ······ 1 勺
盐、黑胡椒粉 ······ 适量

做法

① 土豆去皮切片，上锅蒸熟（约需 20~25 分钟，其间可处理其他食材）。蒸好后捣成泥，加适量盐和黑胡椒粉拌匀待用。
② 大虾去头剥壳，挑去虾线，用刀切断背部与腹部的经络，加盐和黑胡椒粉腌制片刻。
③ 将米饭捏成两个椭圆形饭团，小心塞入腐皮中，整理造型。
④ 烧一小锅水，加少许盐，将西蓝花煮熟。
⑤ 鸡蛋打散，留出少部分蛋液，余下蛋液加牛奶、盐、黑胡椒粉搅匀。取迷你锅（能煎 1 颗荷包蛋大小的即可）抹油，先倒入适量蛋液，待其将要凝固时卷起，推到锅的一边，再倒入少量蛋液，继续卷起，重复这一过程直至蛋液用完。冷却后将做好的厚蛋烧切块。
⑥ 取适量土豆泥，捏成椭圆形并压扁，裹入虾肉，依次放入剩余蛋液与面包糠中。处理好的大虾可丽饼放入铺好油纸的烤盘中，180°C烤 15 分钟。
⑦ 先将腐皮寿司放入便当盒，铺一片生菜，依次放入大虾可丽饼、西蓝花、厚蛋烧即可。

RECIPE **03**

星期三

相比于猪肉和牛肉，拥有高蛋白质的鱼肉，似乎总会成为脑力工作者的绝佳选择。

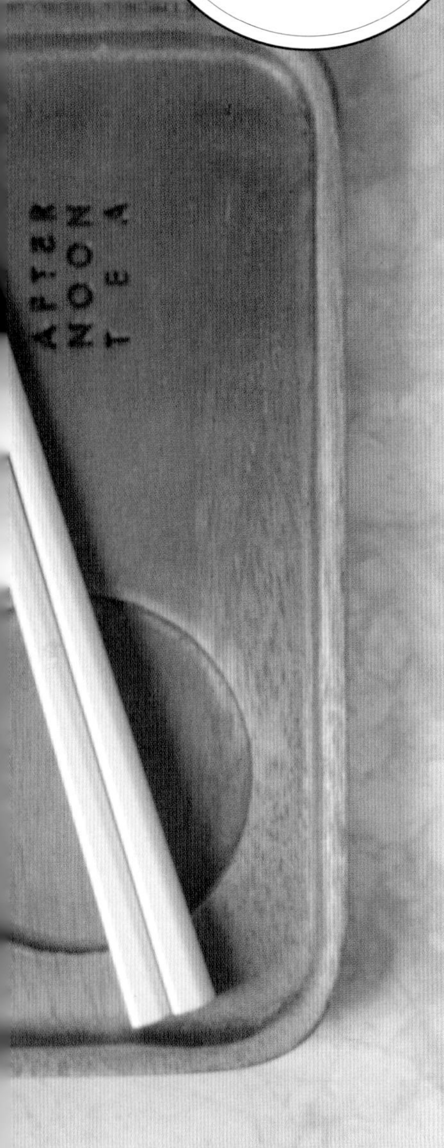

三文鱼便当

Time 25min ♥ Feed 1

食材 ◇◇◇◇◇

三文鱼 ………… 1 块
杏鲍菇 ………… 2 个
西蓝花 ………… 2 朵
鸡蛋 ………… 1 个
胡萝卜 ………… 适量
樱桃番茄 ………… 1 个
米饭 ………… 适量
油醋汁、橄榄油 ………… 适量
盐、黑胡椒粉 ………… 适量
黑芝麻 ………… 少许

做法 ◇◇◇◇◇

① 三文鱼提前解冻，在正反两面撒盐和黑胡椒粉腌制15 分钟。

② 腌制同时，将胡萝卜切丝，用盐水焯熟，捞出加油醋汁拌匀（如果喜欢可再加些蜂蜜）；西蓝花洗净，用盐水焯熟。

③ 鸡蛋打散，加盐和黑胡椒粉制作厚蛋烧（方法同上一道便当中的步骤）。

④ 平底锅加少量橄榄油，将腌好的三文鱼皮朝下煎几分钟后翻面，继续煎（可根据个人喜好，调整煎鱼时间）。煎鱼同时，可在锅中空余空间铺上洗净切片的杏鲍菇一同煎制，然后撒些盐和黑胡椒粉调味即可。

⑤ 便当盒中盛入米饭，依次放上蔬菜、厚蛋烧和三文鱼，再在米饭上撒些黑芝麻即可。

RECIPE **04**

星期四

汉堡排真是一道能让你在上了半天班，打开便当那瞬间就拥有满满幸福感的料理。特别是一想到浓厚酱汁包裹的肉里还藏着浓郁的芝士，就更幸福了。

奶酪汉堡排便当

Time 40min ♥ Feed 1

食材 ◇◇◇◇◇

肉(猪肉、牛肉、鸡肉皆可) ……………………………… 2块
奶酪片 …………………………………………………… 2片
大蒜 ……………………………………………………… 3瓣
面包糠、玉米淀粉 ………………………………… 适量
蛋清 ……………………………………… 1个鸡蛋量
酱油、番茄酱、糖 ………………………………… 适量
西蓝花 …………………………………………………… 1朵
樱桃番茄 ……………………………………………… 1颗
土豆 ……………………………………………………… 1个
黄瓜 ……………………………………………………… 半根
彩椒 ……………………………………………………… 半个
米饭 ……………………………………………………… 适量
梅子 ……………………………………………………… 1颗
盐、黑胡椒粉、蛋黄酱 ………………………… 适量
白芝麻 …………………………………………………… 少许

做法 ◇◇◇◇◇

① 土豆去皮切片蒸熟。蒸制同时将黄瓜切薄片，加少许盐腌制，倒掉渗出水分并用手挤干;彩椒切小丁待用。
② 将蒸熟的土豆捣泥，加入彩椒、腌好的黄瓜、盐、黑胡椒粉、蛋黄酱，拌匀即可。
③ 肉切块，与蒜末、盐、黑胡椒粉混合用搅拌机打成泥后，加蛋清、玉米淀粉、面包糠拌匀（用筷子沿顺时针方向搅拌，尽量使肉上劲)。处理好的肉泥分成两份，分别包入奶酪片，揉成饼状。锅中加适量油，肉饼煎12分钟后翻面，继续煎2分钟。用番茄酱、酱油、糖和水兑成酱汁，倒入锅中，盖上锅盖熬煮至酱汁变浓稠。在煮好的汉堡排上撒上适量白芝麻即可。
④ 西蓝花用盐水焯熟。
⑤ 便当盒中盛好米饭，铺一片生菜，依次放入汉堡排、蔬菜、土豆泥、柠檬腌萝卜即可。

RECIPE **05**

星期五

吃了 4 天白米饭，你应该开始想念其他主食了，所以今天换成弹性十足的炒乌冬。面条总是很容易坨掉，通常不会成为便当的首选，不过较粗的乌冬面就不用太担心，但最好在过凉水时多冲洗几遍。

炒乌冬便当

Time 30min ♥ Feed 1

食材 ◇◇◇◇◇

胡萝卜 ………………………… 1 根
鸣门卷（或香肠）………………… 适量
香菇 ………………………… 2 个
大蒜 ………………………… 3 瓣
甜豆 ………………………… 适量
西蓝花 ………………………… 2 朵
鸡蛋 ………………………… 1 个
乌冬面 ………………………… 1 包
炒面酱（这次使用的是照烧酱，也可用酱油、蚝油、糖和水调制）
食用油 ………………………… 适量

做法 ◇◇◇◇◇

① 烧一锅水，放入乌冬面，用筷子拨散煮熟，捞出过数次凉水，待用。
② 大蒜切片，胡萝卜去皮切丝，香菇切片，甜豆去丝（可事先用盐水焯熟）。
③ 锅中倒适量油，爆香蒜片，依次加胡萝卜、香菇、甜豆、鸣门卷翻炒，最后加炒面酱、盐、黑胡椒粉炒匀，
④ 倒入乌冬面，使其均匀裹上酱汁即可。
⑤ 处理蔬菜的同时，可烧开一锅水，放入鸡蛋，中火煮 6 分钟，制成溏心蛋。
⑦ 西蓝花用盐水焯熟。
⑧ 在便当盒中依次摆入炒乌冬、溏心蛋、西蓝花即可。

TIPS | 01

如果夏天温度过高，就不适宜将溏心蛋作为便当食材。
温度高时，不熟的鸡蛋容易滋生细菌，对肠胃不好

不需要便当盒，也能带便当

罗玄、Tinng | text
Tinng、罗玄、陈晗、白雪薇 | cook & photo

谁说便当一定得装在便当盒里。背包装不下便当盒，忘了把便当盒带回家，天凉不愿洗便当盒……这种时候，三明治和饭团都是非常棒的便当选择。

我们选择了 5 种营养丰富又高颜值的三明治和 5 种简单快手的饭团。包上油纸，装进保鲜袋，今天的便当就轻装上阵吧！

蔬菜沼三明治

Time 40min ♥ Feed 1

元气满满的蔬菜三明治，富含纤维、维生素和蛋白质。

食材 ◇◇◇◇

吐司 …… 2 片
生菜 …… 半棵
紫甘蓝（切丝）…… 半个
胡萝卜（切丝）…… 半根
牛油果（切片）…… 1 个
柠檬汁 …… 2 毫升
煮鸡蛋（切片）…… 1 枚
西红柿（切片）…… 半个
蛋黄酱 …… 适量
芥末酱 …… 适量
盐、黑胡椒粉 …… 适量

做法 ◇◇◇◇

① 蔬菜洗净，沥干水分。紫甘蓝和胡萝卜分别用蛋黄酱、盐和黑胡椒粉调味。牛油果切片后立刻撒上柠檬汁防止氧化。
② 吐司用平底锅或者用烤箱烘烤至两面金黄，抹上芥末酱。
③ 准备一张大的保鲜膜，放上一片吐司。
④ 按照吐司、生菜、胡萝卜、鸡蛋、牛油果、紫甘蓝、西红柿、生菜、吐司的顺序依次放上三明治的材料。用保鲜膜紧紧地裹住三明治，必要的话可以裹两层。
⑤ 稍微放置一会后，用锋利的面包刀切开即可。

烟熏三文鱼
奶酪渍物法棍三明治

Time 40min ♥ Feed 1

烟熏三文鱼，吃过一次就爱上它淡淡的柴火熏香味道。入口时咸香的滋味和随之而来的酸甜渐渐融化在奶酪的浓郁中，让人停不了口。

食材 ◇◇◇◇

烟熏三文鱼 …… 6 片
苦苣 …… 1 棵
法棍 …… 1 根
涂抹奶油奶酪 …… 适量
黑胡椒粉 …… 适量
白醋 …… 100 毫升
糖 …… 10 克
芦笋（切成薄片）…… 4 根
黄瓜（切成薄片）…… 1 根

做法 ◇◇◇◇

① 加热白醋并倒入糖，待糖溶化后放入芦笋和黄瓜，腌渍 10 分钟。
② 将法棍切成 3 段，从中间剖开，涂上厚厚的奶油奶酪。
③ 依次放上苦苣、渍物和烟熏三文鱼，撒上黑胡椒粉，再放上另一块面包即可。

烤牛排三明治

Time 40min ♥ Feed 1

鲜嫩多汁的烤牛排，入口后“一本满足”。

食材 ◇◇◇◇

吐司 ………………………………………… 2片
牛排 ………………………………………… 300克
橄榄油 ……………………………………… 12毫升
大蒜 ………………………………………… 3瓣
黄油 ………………………………………… 15克
洋葱 ………………………………………… 半个
番茄酱 ……………………………………… 2大勺
芥末酱 ……………………………………… 1大勺
盐、黑胡椒粉 ……………………………… 适量

做法 ◇◇◇◇

① 牛排用盐和胡椒粉腌制入味，大蒜切碎备用。
② 平底锅烧热放入橄榄油，放入牛排煎 1~2 分钟，使两面均匀上色。
③ 放入大蒜煸香，把牛排置于其上，放入适量黄油，黄油融化后将汁水浇在牛排上。
④ 烤箱预热 200°C，放入牛排烤 15~20 分钟。
⑤ 热锅加入橄榄油，将切碎的洋葱翻炒至透明，再加入番茄酱和煎牛排的汁水调成酱汁。
⑥ 烤好的面包涂上芥末酱，放上牛排和酱汁，盖上面包对半切开即可。

韩式
辣酱鸡胸肉三明治

Time 40min ♥ Feed 1

口感甜辣鲜咸，浓郁肉香搭配色彩缤纷的蔬菜。

食材 ◇◇◇◇

大蒜(切碎)…………1 瓣
芝麻油…………22 毫升
韩式辣酱…………1 大勺
蜂蜜…………21 克
细砂糖…………12 克
生抽酱油…………36 毫升
鸡胸肉…………250 克
植物油…………30 毫升
洋葱(切丝)…………1/4 个
胡萝卜(切丝)…………半根
西蓝花(切小瓣)…………1/4 棵
蛋黄酱…………适量
咸餐包…………3 个
生菜…………1 棵
大葱(切丝)…………适量
白芝麻…………少许
香菜…………少许

做法 ◇◇◇◇

① 将大蒜、芝麻油、辣酱、蜂蜜、细砂糖、酱油混合均匀制成腌料，鸡胸肉切片后，放入腌料中混合均匀，密封冷藏隔夜。
② 平底锅烧热，倒入植物油，烧热后放入稍稍沥干的鸡胸肉，翻炒 3~5 分钟直至将熟，倒入胡萝卜及洋葱，继续翻炒至软即可出锅，可根据浓稠度适当加水。
③ 洗净的西蓝花裹上保鲜膜，放入微波炉加热两分钟。
④ 咸餐包从中间对半剖开，不用切到底，面包内部抹上蛋黄酱，放上两片生菜，加入炒鸡肉、西蓝花，撒上白芝麻、香菜和葱丝即可。

帕尼尼猫王三明治

Time 15min ♥ Feed 1

据说摇滚巨星“猫王”就是爱上了这款三明治，才导致发胖。我们把原本的黄油煎吐司换成了全麦欧包，美味不改，热量减半。

食材 ◇◇◇◇

欧包 ························ 1片
培根 ························ 45克
香蕉 ························ 2根
蜂蜜 ························ 适量
花生酱 ······················ 适量

做法 ◇◇◇◇

① 将欧包切片，抹上花生酱。

② 香蕉对半切开，放在面包上，依据个人口味加适量蜂蜜。

③ 将煎好的培根放在香蕉上，盖上面包，放入预热好的帕尼尼机热压即可。

酱油饭团

Time 20min ♥ Feed 2

简单快手的酱油炒饭，搭配开胃爽口的雪菜肉末，解决剩饭的绝佳选择。

食材 ◇◇◇◇

酱油炒饭 ········· 150克
雪菜肉末 ········· 2大勺
寿司紫菜 ········· 半张

做法 ◇◇◇◇

① 掌心蘸少许凉水，取适量炒饭捏成圆饭团。
② 将饭团中心压凹，放入雪菜肉末，再将饭团合拢。
③ 将饭团捏成三角形，包上寿司紫菜即可。

饭团制作小贴士

① 如果想要饭团口味更丰富，可以事先在米饭中加入适量寿司醋调味。
② 准备一小碗凉开水，加少许盐，捏饭团前蘸在掌心，可以有效避免米饭黏手，还能为饭团增添少许咸味。
③ 酱油饭团因为使用的是炒饭，所以会有点儿油，建议包上油纸后再装进保鲜袋携带。
④ 制作杂粮饭团时，最好加入少许大米或糯米，因杂粮米本身黏性较弱，很难捏成团，非常容易散开。

西蓝花金枪鱼饭团

Time 15min ♥ Feed 2

食材 ◇◇◇◇

米饭 ········ 150 克
西蓝花 ········ 30 克
金枪鱼罐头 ········ 50 克
胡萝卜 ········ 10 克
寿司紫菜 ········ 半张

做法 ◇◇◇◇

① 西蓝花用开水煮 2~3 分钟，去梗切碎。② 胡萝卜切碎，与西蓝花一起加少许盐调味。③ 将米饭与西蓝花、胡萝卜混合均匀。④ 掌心蘸凉水，捏出圆饭团，将饭团中心压凹，放入金枪鱼。⑤ 将饭团合拢，捏成三角形，包上寿司紫菜即可。

杂粮辣白菜饭团

Time 15min ♥ Feed 2

食材 ◇◇◇◇

杂粮饭 ········ 150 克
辣白菜 ········ 30 克

做法 ◇◇◇◇

① 掌心蘸少许凉水，取适量杂粮饭捏成圆饭团。② 将饭团中心压凹，放入辣白菜，合拢捏紧即可。③ 杂粮饭不易成形，所以饭团个头不宜过大，不妨多捏几个。

拌饭料饭团

Time 15min ♥ Feed 2

食材 ◇◇◇◇

米饭 …… 150 克
梅干紫苏拌饭料 …… 23 克

做法 ◇◇◇◇

① 将米饭与拌饭料均匀混合。
② 掌心蘸少许凉水，取适量米饭捏成圆饭团即可。

♥ **TIPS**：日式拌饭料有很多种口味，都可以用来做饭团，不妨多买几种回来尝试。

粢饭团

Time 1h ♥ Feed 2

食材 ◇◇◇◇

糯米饭（黑、白糯米） …… 180 克
梅干菜 …… 10 克
油条 …… 半根
咸蛋黄 …… 1 个

做法 ◇◇◇◇

① 将白糯米和黑糯米浸泡过夜后蒸成糯米饭。
② 梅干菜用温水浸泡 20 分钟，沥干后入蒸屉与糯米饭同蒸。
③ 将糯米饭平铺在保鲜袋上，依次放上梅干菜、油条和咸蛋黄。
④ 拉起保鲜袋一端，将糯米饭卷起捏紧即可。

便当配色说明书

白雪薇 | edit & photo

你是否遇到过自制的便当总是一片相近的颜色，即便再好吃也提不起食欲的状况？其实，只需要在制作便当前想好配色，让一份便当至少拥有 3~5 种色彩，就能立刻让便当的诱人指数倍增。而选用哪些颜色，运用哪些食材，也是便当新手常会困扰的问题。这个问题的答案说来简单，便当的主要配色只有五种：红、白、黄、绿、黑。每种颜色都有无数种对应的食材，你要做的，只是先从这些食材中选出你爱吃的，然后再去了解其中哪些食材更适合做便当，哪些则应该避开。

红色食物的主力营养素是铁、茄红素、维他命 B 及胡萝卜素，有提升免疫力、减轻疲劳、增强记忆的功效。红色是热烈、冲动、强有力的色彩，以米饭为白底的便当总会在中间放一颗酸梅子作为鲜亮的红色点缀。此外，辣椒、牛肉等食材也是有代表性的红色食物。

红豆

红豆是一种平性食物，热量低，富含淀粉、饱腹感较强，因此被人们称为“饭豆”。蒸煮米饭时，放入一些泡好的红豆，为白米饭增加营养的同时，视觉效果也更加丰富。红豆饭又称“赤饭”，在日本，有逢喜事吃红豆饭的传统。

胡萝卜

胡萝卜是种植非常早的一种蔬菜，在中国，关于胡萝卜最早的记载可以追溯到两千多年前。胡萝卜、芹菜和香菜都属于伞形科，因此蔬菜的香气都比较浓烈，甚至能划分出爱吃和不爱吃的两大阵营。在日本，胡萝卜被视为“长寿菜”，经常以各种形式出现在便当中。

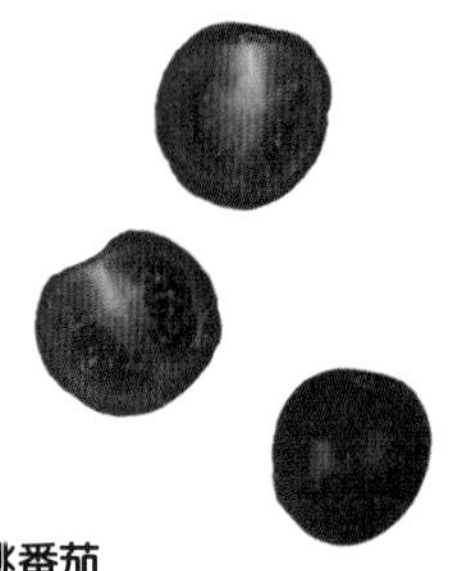

樱桃番茄

樱桃番茄又叫圣女果，也常被称为小西红柿，既可作为蔬菜，也能作为水果。它有着一定的抗氧化功效，能够调节体内的胆固醇代谢。可在便当盒中开辟一个小区域盛放樱桃番茄，对半切或者不切均可。在饭后吃上几个，清新爽口，健胃消食。

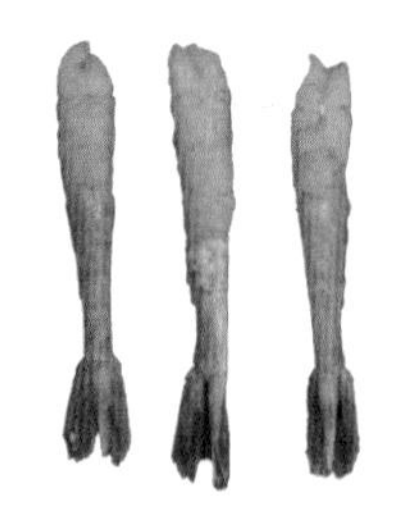

虾仁

虾类中含有 20% 的蛋白质，是蛋白质含量很高的食物，比鱼、蛋、奶的蛋白质含量都要高。另外，虾类含有甘氨酸，这种氨基酸的含量越高，虾就越甜。选择虾仁时，应挑选表面略带青灰色、手感饱满并富有弹性的，最好不要挑选颜色已经变红的。虾的做法非常多，红烧、油焖、白灼、清蒸或者和其他蔬菜一起炒，都是不错的选择。

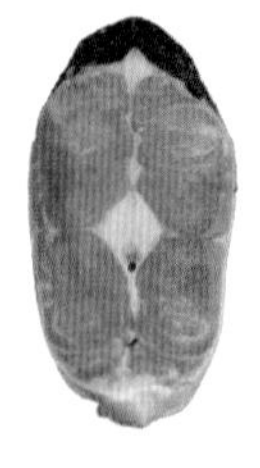

鲑鱼

有许多人将鲑鱼和三文鱼混淆，但三文鱼其实是几种赤身鱼的总称。赤身鱼因为血液和肌肉含量较高，味道和口感比较浓厚一些。鲑鱼是赤身鱼的一种，它含有大量的优质蛋白和不饱和脂肪酸，有助于降低血脂。鲑鱼可以作为一餐便当中的“大菜”，香煎或者烤制均可。

红椒

红椒原产于中南美洲，有些红椒带有一些辛香味。同辣椒一样，辛辣的红椒有着增强食欲和杀菌的功效。有些红椒的香味比较冲，因此选购时需注意闻一闻辣椒蒂，能闻到辣味的就是比较辣的红椒。将红椒切片、切圈放入便当中，或者切成小块炒饭，红色定会成为便当中的亮点。

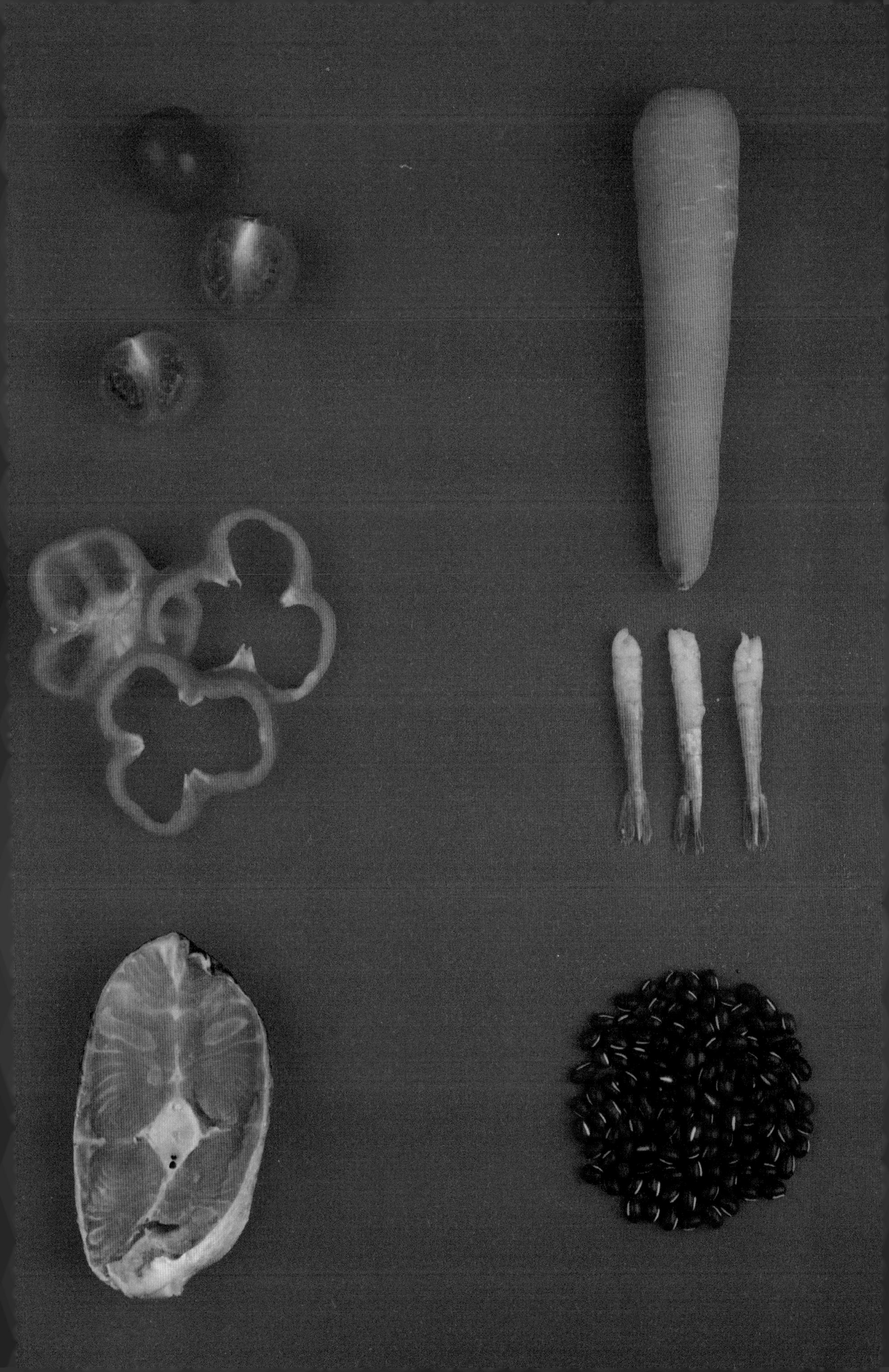

白色食物给人以洁净、平整、鲜嫩的感觉。在便当中最常见的白色食物非大米莫属，洋葱和大蒜也是白色食物的代表食材，含有硫和硒，能够抗氧化，降低患癌风险。牛奶也是白色食物，它是一顿午饭中摄取蛋白质的保障，日本小学生的校餐中每一顿都必须配有牛奶。

大米

大米是稻谷经过许多道工序后制成的精米成品，它最主要的成分是碳水化合物，约占 70%，同时含有一定量的蛋白质、维生素、纤维素和矿物质。大米中 60%~70% 的维生素和矿物质都在外皮中，未经深度加工的糙米保留了许多营养物质，可以尝试混一些糙米在米饭中一起食用。

吐司

一餐便当，除了可以带米饭和菜之外，还能够做一些便携的西式菜。两三片吐司就可以做成一个三明治，薄厚可根据自己的喜好调整。最重要的是要将吐司两面涂上黄油，烤得金黄酥脆。蔬菜、奶酪片、金枪鱼、火腿肉、煎鸡蛋、牛油果……吐司可以夹住一切。

豆腐

豆腐是最常见的豆制品，富含各种微量元素、维生素以及蛋白质，在烘焙中甚至可以代替鸡蛋，低热量的同时又能增添豆子的香气。在日语中豆腐写作“冷奴”或“奴豆腐”，可以在冷藏的豆腐上加酱油、大蒜、生姜等调味料凉拌食用。

土豆

土豆的热量比较高是不争的事实，但是土豆膳食纤维含量高，肠胃对土豆吸收又比较慢，因此可以维持比较长时间的饱腹感。在便当中，土豆多以没有太多汤水的土豆沙拉的形式呈现，煮熟的土豆配以火腿片、洋葱、蛋黄酱、鸡蛋等食材，压碎并搅拌均匀即可。

藕

藕又叫莲菜、莲根，热量和土豆相当，碳水化合物和脂肪的含量较低，蛋白质较土豆稍高，含有大量的单宁酸和丰富的植物纤维、维生素 B_{12}。在大多数情况下，藕在便当中扮演的角色是醋拌凉菜，或是经过糖和酱油调味熬制成诱人的玳瑁色。

菜花

菜花的大部分都是水分，含水量高达 90%，而且热量较低。菜花营养丰富，含有蛋白质、多种微量元素以及胡萝卜素。菜花纤维质较少，质地细嫩，不宜烹饪过久，以免变得过于软烂。一般先焯水再人锅调味，这样能够保持菜花的清甜口感。

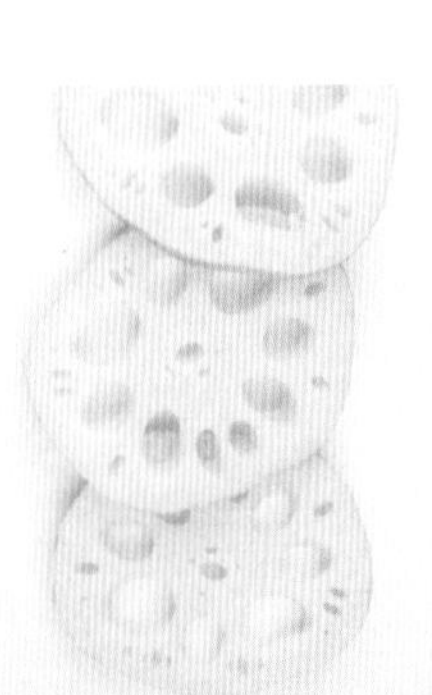

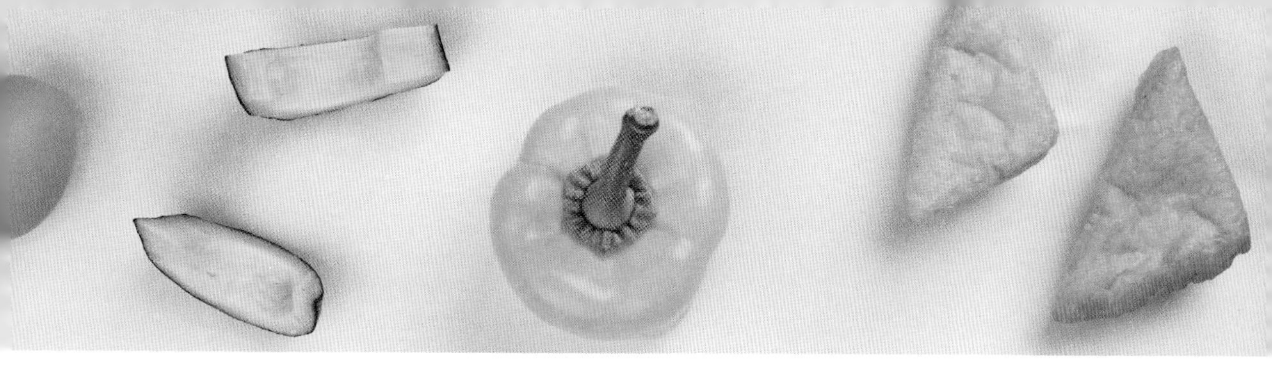

黄色可谓是一个便当里面最温暖的颜色，黄色本身就给人以温暖幸福的感觉。黄色和橘色食物，如橙子、南瓜、葡萄柚、玉米等，在食物色彩学里被归为一类，以维生素、姜黄素、胡萝卜素为主要营养素。黄色食物能够帮助预防眼科疾病，改善消化系统不良。

意大利面

意面有许多种类，最常见的有长形意大利面（spaghetti）、蝴蝶结面（farfalle）、斜管面（penne）等，可以根据自己选择的面条来做不同的酱料相搭配。面条煮熟后会变坨，但是如果煮的时候放一些盐，增加面的韧劲，煮熟后捞出过凉水，再倒一些橄榄油拌匀，可以在一定程度上解决这个问题。

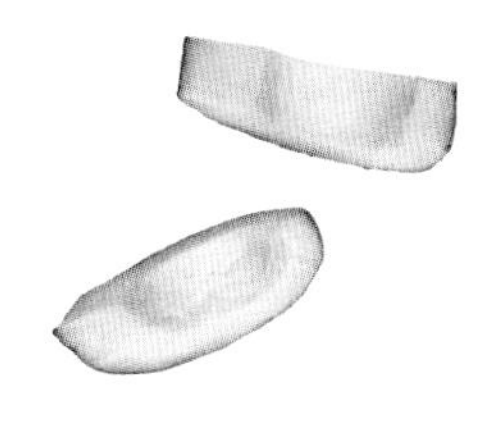

南瓜

南瓜原产自北美洲，在世界各地普遍栽培，并于明代传入中国，目前亚洲的南瓜栽培面积最大。万圣节前后正好是南瓜成熟的季节，这一时令的南瓜好吃又好看。与别的时令蔬菜不同的是，南瓜并不是越新鲜越好吃，而是要放到南瓜梗干燥变硬时再食用。这时果肉中的淀粉、纤维素等物质被转化成小分子糖，吃起来软糯鲜甜。

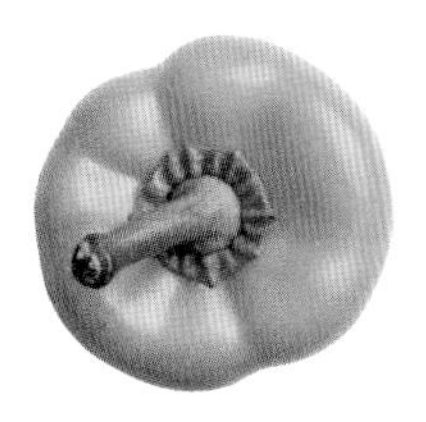

黄甜椒

甜椒有多种颜色，与其他的椒相比，甜椒并没有很重的辣味，甚至因为含有较高的糖和维生素而吃起来口感较甜。黄色甜椒主要用于生食或者拌沙拉，也可当作“大菜”的配菜。在便当中放置甜椒圈，或者在沙拉中加入一些甜椒块，都能够起到增加亮点的作用。

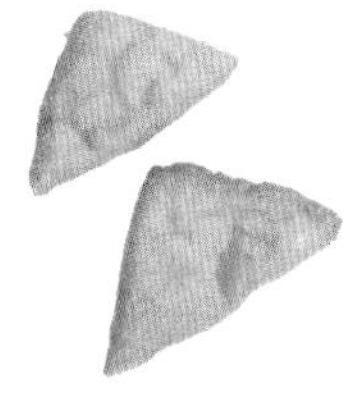

油豆腐

除了“冷奴”这种白豆腐之外，还有一种油炸豆腐，日语中叫作“狐”。据说是狐狸喜欢吃的东西，而且油炸豆腐的颜色及形状很像狐狸蹲着的样子。这种油炸豆腐可以搭配柴鱼花一起食用。因为油炸皮比较紧实，也可以将油豆腐掏空做成豆皮寿司。

鸡蛋

鸡蛋是最为常见的食材，有着许多种能将一颗鸡蛋做得好吃的方法。鸡蛋对于一份便当的重要性不言而喻，具体包括煮鸡蛋、炒鸡蛋、蒸鸡蛋、茶叶蛋、玉子烧等多种形式。即便是煮鸡蛋，还要分为不同程度的熟度：三分熟溏心、七分熟溏心或全熟蛋。一个便当中若没有鸡蛋的身影，就不算完整。

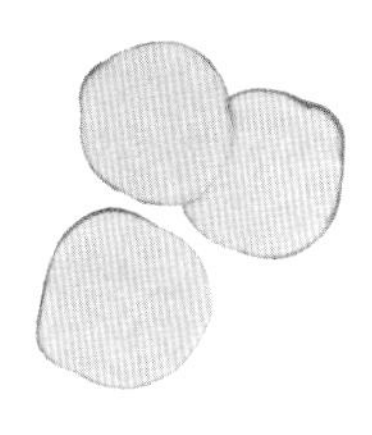

红薯

在不同的地方，红薯有着不同的叫法，比如甘薯、地瓜、山芋、红山药等。红薯一般可做成红薯粥，或者直接烤熟食用，紫红色的外皮剥开后是亮度相当高的橙黄色。作为便当食物时，可以煮熟切段腌制，当作凉菜食用，也可加一些其他配菜做成红薯泥。

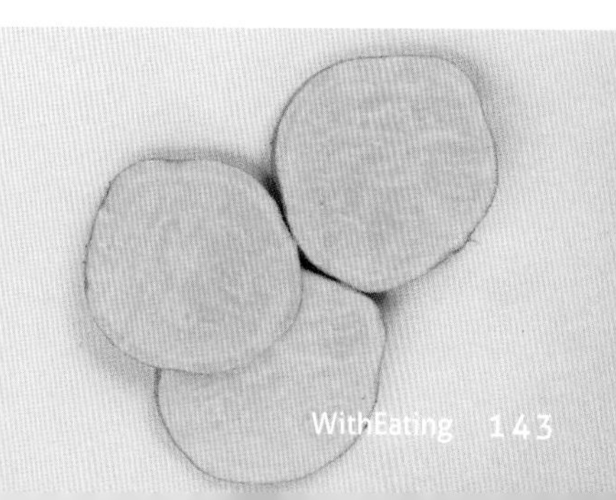

GREEN 绿色

一提到绿色食材，最先想到的可能就是滴落着水滴的新鲜绿叶菜。绿色一般会让人联想到新鲜和生气，是整份便当中最新鲜的色彩。让绿色和其他颜色的菜一起搭配，色彩和营养全囊括其中。绿色蔬菜能够维持人体内的酸碱平衡，其中含有的大量纤维素能够加速肠胃蠕动、排毒。

西蓝花

西蓝花是高纤维蔬菜，含水量可以达到90%，热量非常低。然而西蓝花的花球很容易产生农药残留和虫子等问题，因此在食用之前，需要在水中加盐浸泡几分钟，充分洗净。西蓝花稍微带一些黄色的绿色，在便当中是非常好的点缀色。

散叶生菜

生菜分为生菜球、甘蓝、花叶生菜、散叶生菜等许多种类。散叶生菜与其他生菜最大的区别的就是它的叶面褶皱比较大，可以在便当中充当隔断。在没有分隔板的便当盒当中，将散叶生菜的菜叶撕成合适大小，可以很好地分隔食物，避免串色、串味。

黄瓜

黄瓜以清香多汁而著称，含水量高达96%~98%，是蔬菜中水分含量最多的，能够清除火气、加速新陈代谢。值得一提的是，黄瓜中所含的丙醇二酸，可抑制糖类物质转变为脂肪，对想保持体重的人群来讲，黄瓜非常适宜在健身前食用，轻松吃出理想身材。

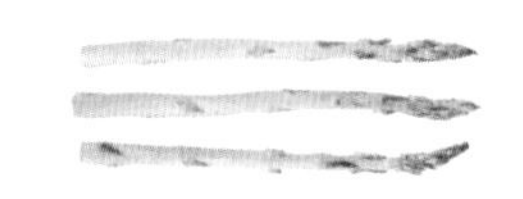

菠菜

菠菜是补铁神器，它含有丰富的铁质，配合蛋白质和维生素C同时食用，可以提高菠菜中铁元素的吸收率。此外，菠菜还含有大量的植物粗纤维，能够促进肠胃蠕动、清肠排毒。菠菜焯水后和炒过的花生豆继续翻炒，做成果仁菠菜，可以在午饭时当作佐餐小菜食用。

荷兰豆

荷兰豆是一种质地很嫩、豆籽粒小而薄的扁豆荚，呈长椭圆形或扁形。它并非产于荷兰，之所以被称为荷兰豆，是因为荷兰人把它从原产地带到中国。荷兰豆等豆角一类的食物都带有一定的毒性，烹饪时要注意完全熟透后再食用。

芦笋

芦笋具有低热量、低脂肪、低糖、高纤维的特点，水分充足。另外，芦笋还是典型的高钾食物，有一定的清热解毒及利尿的功效。用橄榄油和柠檬汁简单煎一下，或者放入烤箱烤几分钟，甚至白灼芦笋配蚝油汁，都是非常快速且美味的食用方法。

食物色彩学上把黑色、紫色等暗色系的食物归为一类。紫色食物中，以紫薯和葡萄为主，含有丰富的花青素、碘元素和多酚，能够抗氧化，有助于甲状腺健康。黑芝麻、黑米、香菇则是黑色食物的典型代表，黑色是三原色颜色之和，在食物中也代表着营养素的总和，许多滋补身体的食材都是黑色的。

黑米

黑米的米粒细长，呈椭圆形，食用起来有嚼劲。黑米富含蛋白质、碳水化合物、B 族维生素、维生素 E、微量元素，营养丰富，具有很好的滋补作用，因此被称为“补血米”。黑米和糙米、红豆一样，一般在蒸米饭时放入一些，用来增加营养。调整黑米和大米的比例，还能够使米饭呈现多种不同的颜色。

黑芝麻

黑芝麻属于油脂类食物，不饱和脂肪含量比较高，同时含有蛋白质、糖类、维生素、卵磷脂等营养成分。黑芝麻可以增加体内黑色素，有利于头发生长。早上可以把黑芝麻同黄豆一起打成豆浆，午饭时在米饭上撒适量炒香的黑芝麻，让黑芝麻在口腔中绽放独特的香气。

海苔

目前海苔类食物大致有三种形态：紫菜经烤熟之后为干海苔，质地变得薄且脆，可以做成紫菜包饭；干海苔经过第二次烤制之后为烤海苔，能够用于制作寿司等食品；烤海苔经过一些调味等加工后，就可以作为零食直接食用了。市面上还有内含芝麻、海苔、芥末等调味品的芝麻海苔拌饭料，可作佐餐下饭之用。

香菇

香菇是高蛋白、低脂肪的菌类代表，可抑制人体内胆固醇的堆积。它有菌菇独特的鲜香味道，能够丰富便当的味道层次。把香菇切片后进行炒、煮等做法较常见。给香菇切十字的做法也非常普遍，不仅能够提升便当的视觉效果，还利于烹饪入味。

紫薯

紫薯又叫黑薯，薯肉为紫色或深紫色。薯类食物均富含纤维素，纤维素可促进肠胃蠕动，保持肠道畅通。紫薯中的花青素和硒元素的含量比其他薯类更高，而且紫薯的颜色正是来源于花青素，它具有很高的抗氧化性，能缓解肌肉疲劳。可以将紫薯切块煮熟加入沙拉中，或者和土豆、鸡蛋、胡萝卜一起捣碎成紫薯泥食用。

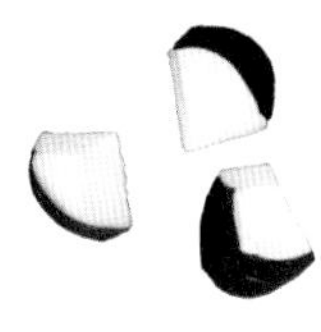

茄子

都说茄子用大油炒会比较好吃，实际上也是这样。在油的高温下，茄子的果肉细胞破裂，水分蒸发，同时茄子变软，调味料通过油进入茄子后，就变得入味了。若是不想吃油太大的茄子，还可将茄子蒸熟，加入葱花、蒜、麻油、酱油等调味料搅拌食用。四川等地的人还会将鲜辣椒做成蘸水，将茄子用水煮熟后蘸着蘸水食用。

包罗万象的风吕敷

罗玄 | text
白雪薇 | photo courtesy

在日本室町时代，征夷大将军足利义满（没错，就是《聪明的一休》中那位将军的原型）权倾一时。他统一日本南北朝，缔造了室町幕府的最盛时期，留下了影响深远的北山文化和华丽不羁的金阁寺。

但是他流传最广的贡献，却是一种深刻影响着后世日本人日常生活的发明——风吕敷。听起来是不是很像法国国王路易十四？这位痴迷舞蹈、厌恶洗澡的国王建造了豪华的凡尔赛宫，带领法兰西成为当时欧洲最强大的国家，还留下一项让全世界的女人又爱又恨的发明——高跟鞋。

武士出身的足利义满，一向对骄傲的公卿们颐指气使。据说他建造了一座豪华澡堂，要求来这里洗澡的公卿都自备一块布，将各自的衣物包裹起来，以便区分。后来这种做法流入民间，普通百姓去澡堂（お風呂屋さん）洗澡时，会使用澡堂提供的包袱皮包裹衣物，日本人将这种包袱皮称作“风吕敷”，这便是风吕敷的由来。
不同尺寸和材质的风吕敷，可以用来包裹不同的物品。种类繁多的花色也被赋予不同的寓意，适用于不同场合。风吕敷被注重细节和仪式感的日本人应用于生活中的方方面面，甚至名列日本二十四节气风物，春分风物就是风吕敷。

然而随着西方文化的涌入，西式的皮包、便利的纸质手提袋和塑料袋，逐渐取代了风吕敷的位置。只有在赠送贵重礼物时，人们才会使用风吕敷。直到最近，无纺布袋和帆布袋在环保方面的弊端逐渐引起争议，风吕敷这才重新进入大家的视野。

方方正正的风吕敷看似普通，然而配合种类繁多的包裹方法，几乎可以应对各种生活场景。着急出门却找不到合适尺寸的包装袋，嫌弃包装袋太丑拿不出手，想为不同的衣服搭配箱包却为昂贵的价格苦恼……对追求精致生活的现代人来说，风吕敷可谓是一大法宝。只要掌握简单的包裹方法，风吕敷可以随时变身便当袋、手提包、礼品包装等，而且风格百变，个性十足。

传统的风吕敷尺寸规定严格，小到边长 45 厘米的“中幅”，大到边长 238 厘米的“七幅”，不一而足。如今最常见的风吕敷大约有 3 种规格：边长 50 厘米的小布，最适合包裹便当盒；边长 68 厘米的中布，大小适中，包裹日常物品和礼物都很实用；边长 90 厘米或 105 厘米的大布，可以包裹携带大件或多件物品，或是辅以挂杆作为室内装饰。

3 种常见尺寸的风吕敷，面对 5 种大小形状不一的便当盒，如何才能包得简单又好看？
我们总结了 6 种实用包裹方法，足以搞定日常生活中各种情景的便当携带。

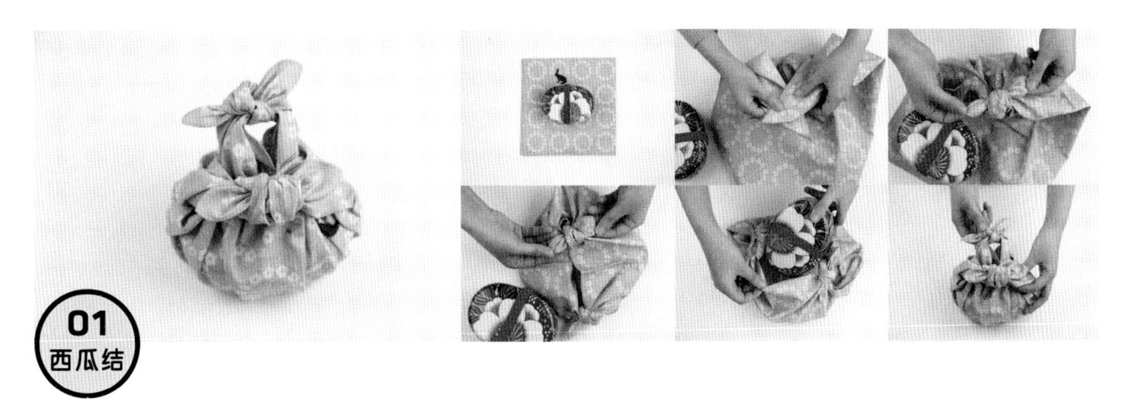

风吕敷尺寸：48 × 48 厘米
内容物：415 毫升双层椭圆形便当盒

步骤

①将风吕敷有花色的一面朝上，选取相邻两角打结。②将剩余相邻两角也打结。③把便当盒放入已经围起来的包裹中。④将任意一个结从另一结下的孔中穿出，再调整形状即可。

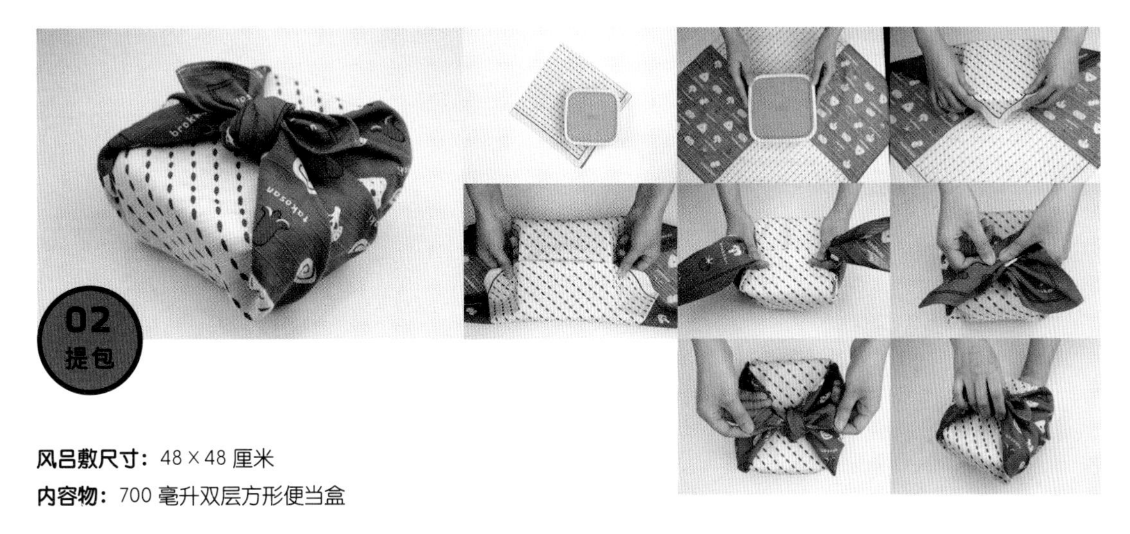

风吕敷尺寸：48 × 48 厘米
内容物：700 毫升双层方形便当盒

步骤

①将便当盒放在风吕敷中央，便当盒的四条边对着风吕敷的四个角。②提起上角，盖住便当盒。
③提起下角，将角折起，盖住便当盒一半位置。④将左右两角打结。⑤调整结的长度，直到方便手提即可。

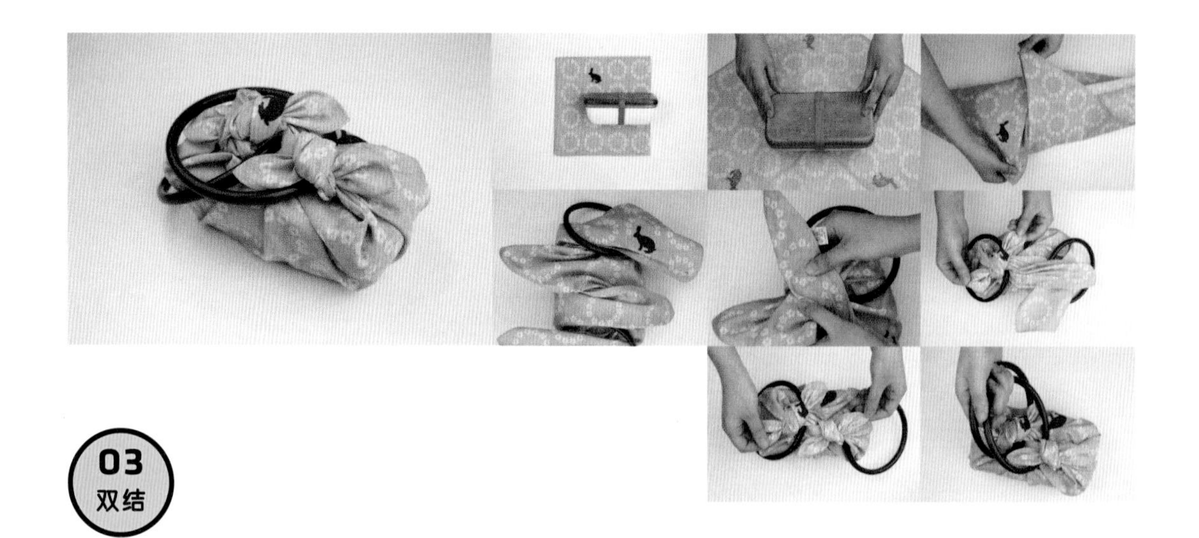

03 双结

风吕敷尺寸：48×48 厘米

内容物：500 毫升单层长方形便当盒

步骤

①将便当盒放在风吕敷中央，便当盒的四条边对着风吕敷的四个角。②将风吕敷的上角下拉，下角上拉。③把两枚圆形手挽分别套入左右角。④将右角与原上角打结，左角与原下角打结。⑤调整结与手挽的位置即可。

04 瓶包

风吕敷尺寸：68×68 厘米

内容物：500 毫升焖烧罐

步骤

①将焖烧罐放在风吕敷中央。②将风吕敷上下角对折成三角形。③把对折后的左右角绕瓶身一圈，打结。④将上下角打单结后，把两角拧成麻花状。⑤把拧成麻花状的两角打结，调整至适宜拎起即可。

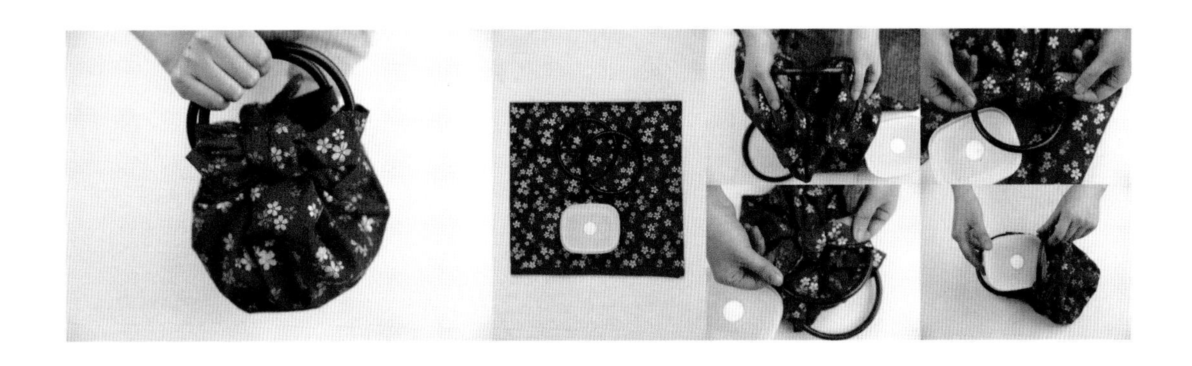

风吕敷尺寸： 68×68 厘米

内容物： 270 毫升长方形便当盒

步骤

①将风吕敷无花色一面朝上，相邻两角分别绕过一个圆形手挽的两边一圈。②将绕出的两角打结。③剩余两角绕过另一个圆形手挽的两边并打结。④将便当盒放入包裹，调整手挽位置即可。

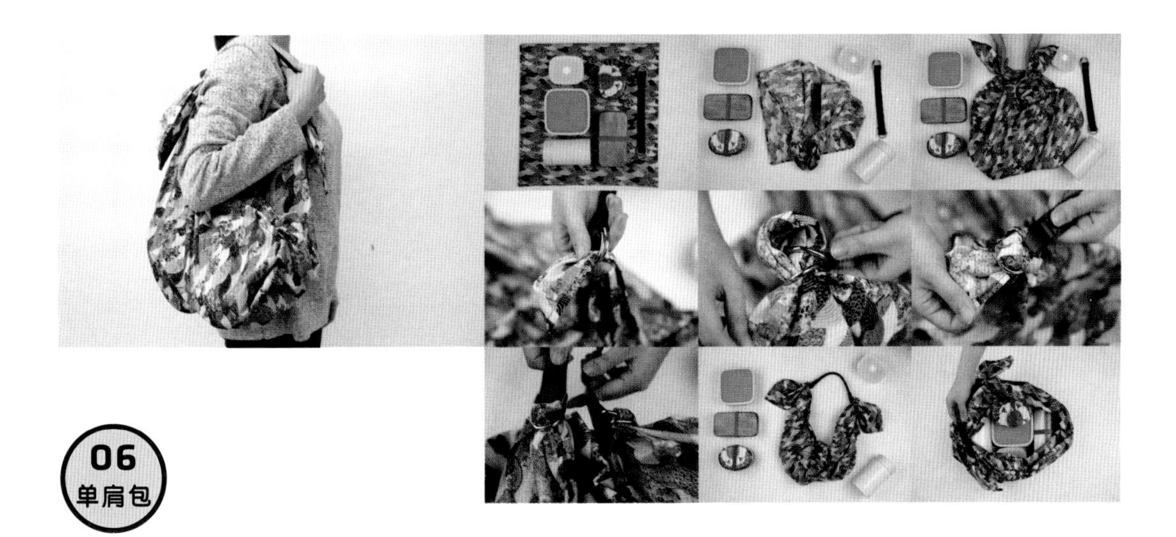

风吕敷尺寸： 105×105 厘米

内容物： 以上所有器皿

步骤

①将风吕敷对折成三角形，无花色面朝外。②把三角形的两个底角分别打成单结。③将风吕敷翻转，单结包入包裹内。④将未打结的两角分别从手柄的金属环扣中拉出。⑤把便当盒放入包裹即可。

有了它们，
制作便当更省力

赵圣 | edit
白雪薇 | photo courtesy

每个便当制作者都希望将尽可能丰富的食材塞入小小的便当盒内，且要兼顾美感，这样在享用便当时，才能获得味觉与视觉的双重满足。但若要填充得合理妥当，一些专用的便当小道具必不可少。这些道具不仅外观可人，实际功能也很显著，多准备一些款式，就会成为变换便当风格的利器之一。

1 模具类

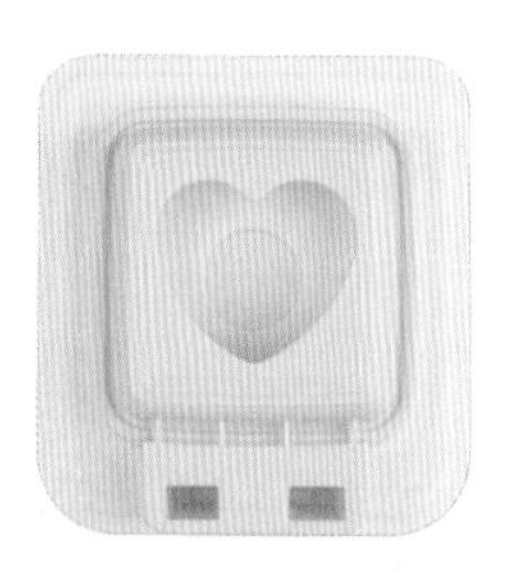

选择三明治作为便当时需加入丰富的食材。使用模具，既可帮助面包塑形，携带也更加方便。切三明治时，用微加热的刀具纵向横切，可使切口平直整齐。

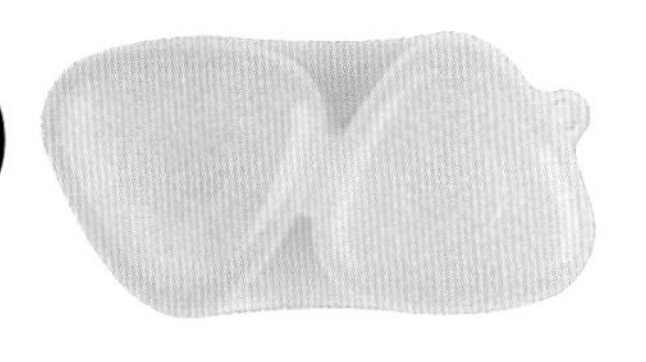

有些人总是无法手捏出好看的饭团，或者是不喜欢米饭黏在手上的感觉，这时就可以借助模具。做饭团时，需先在模具表面涂少许植物油，防止米饭粘连的同时，也有助于饭团脱模。

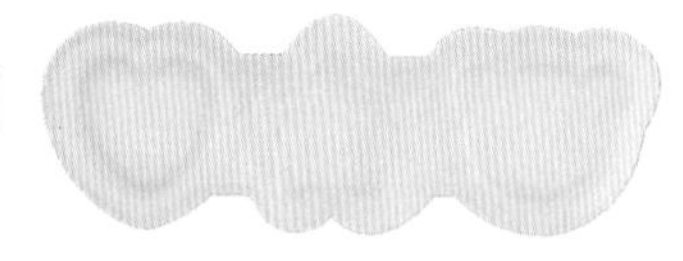

如果厌倦了传统的三角饭团，特殊形状模具的使用，可以给便当增加一些趣味。制作时还可在饭团中加入拌饭料、豌豆、玉米等配料，或是加入馅料，使饭团的口感层次更加丰富。

果蔬压花模具

如需制作具有童趣风格的便当，各种形状的压花模具必不可少。蔬果切薄片后，用模具按压出形状，与其他食材组合即可，避免了直接使用工具切割造成失误。

2 分装类

鉴于便当会因“二次加热”“久置变凉”等因素，造成味道改变。装便当时，可将常用调味酱或蘸酱单独盛放在分装容器内，既卫生，又能确保食用时的最佳口感。

在盛装液体调味汁时，可以使用有密封效果的小分装瓶，能在一定时间内确保调味汁不会变质。

当便当中出现汁水较多、易串味的菜式时，可通过增加隔断将食物分区，避免影响口感。除硅胶外，还有纸质、木质等隔菜杯，可按需选择购买。

作为日式料理中的代表性装饰物，竹叶能为便当增加独特美感。使用时，可将竹叶折叠成碗状，或直接竖立在不同菜品中间。竹叶具有的天然香气，既能为食物增添清爽味道，也能起到一定杀菌作用。

4 餐具类

除必备的勺、叉、筷等餐具外，适当长度的竹签也十分必要。竹签易清洗、可重复使用的特性，可在制作“串类食物”时直接成为实用工具，同时兼具装饰效果。竹签清洗后需注意通风，或用布擦干。

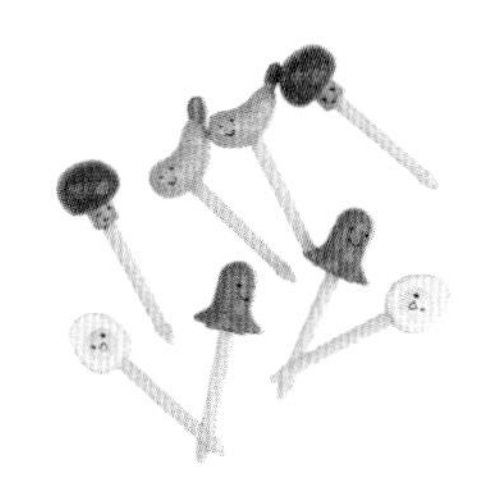

塑料材质的装饰签，清洗方便，易保存，适合搭配可爱的造型，对儿童有很大的吸引力，可起到增进食欲的作用。

在便当里
酝酿生活

白雪薇 | edit
思文 | illustration

日本便当到底有多少种，恐怕没人能说得清。铁路便当，最初只是几个饭团加上腌萝卜，而现在已经有旅行者立志吃遍每一个车站的特色便当；赏花者带着自制的花见便当，和家人一起在樱花飞舞的树下野餐，就着盐渍樱花吃下一口饱满的米饭，全世界都是樱花淡雅的香气；将奢华和时间浓缩到一个十字方格中，这是专供茶道的松花堂便当；在戏剧中场吃一盒幕间便当，一口大小中满满都是江户时代的考究……可见，无论便当有多少种，都在陪伴人们度过难得的休憩时光。

铁路便当（駅弁）：
沿铁路吃遍地方特色

19 世纪晚期，日本的现代化带来了铁路，同时铁路便当也诞生了，这是一种在车站售卖、在火车上食用的便当。起初这种便当里只有饭团和腌萝卜，渐渐地每个车站都开始将当地的美食做成特色，东京车站建成百年时，还推出了超豪华纪念款便当。吃铁路便当逐渐成为旅途中的乐趣，甚至有一位旅行家小林忍，沿着日本铁路一路吃过去，写下了《日本豪华铁路便当》这本书。

不同于中国引发诸多争议的“高铁盒饭”，日本的铁路便当是由公司经营的，为了吸引更多的乘客来买便当，经营者不断进行便当的改良，严控食材，力求做出本地特色。

铁路便当

幕间便当（幕の内弁当）：
一口大小中的江户考究

幕间便当诞生于江户时代，当时人们的娱乐就要数歌舞伎了。人们早上出门看戏，一看就是一整天，在这一天中休息时享用的料理，便是幕间便当了。在剧场帷幕落下，进入 20~30 分钟的休息时间时，很多观众会在这一时间食用幕间便当。

幕间便当盒的大小正好适合放在膝头，里面包括了幕间便当的三种“神器”：玉子烧、烤鱼和鱼板。所有的食材全部切成一口大小，用筷子夹起来直接吃下去，以保证能在短暂的幕间休息时间里食用完毕。

幕间便当

松花堂便当（松花堂弁当）：小小方盒中的怀石料理

一个方形便当盒，里面被十字隔成四个小格子，分别放置开胃菜、生鱼片、烤物、煮物，器皿也一并放置在格子中，另外还配有一碗饭和汤。松花堂便当是昭和初期由汤木贞一发明的。在上个世纪二三十年代，大户人家的小姐们开始学习茶道，一些大型的茶会甚至能吸引一两千人参与，而茶道必须配有怀石料理，吃完料理才能饮茶，松花堂便当正是诞生于此。

怀石料理起源于禅道，原本是修行之人的简朴料理，后发展为非常讲究食材新鲜度和上菜顺序的高级料理。松花堂便当将怀石料理的精华融合在一个小小的方盒中，一盒就能吃到一套完整的料理。

松花堂便当

花见便当（花見弁当）：属于家庭的春天味道

在樱花绽放的季节，日本人无论男女老少都会到公园中赏花，园内有 1200 棵樱花树的上野公园，三四月的樱花树下总是热闹非凡。“花见”要赏花和品味美食、美酒，已成为日本人春天必不可少的一项重要活动。商家借此推出各种精美的花见便当，招徕顾客。花见便当中，最应季的就是盐渍樱花了。樱花本身香气淡雅，腌渍过后口感微咸，开胃又下饭。

有许多家庭遵循着自给自足的原则，自制花见便当出门。一家人围坐在樱花树下，欣赏樱花绽放的粉色云朵和花吹雪胜景，品尝属于家庭的温馨味道。

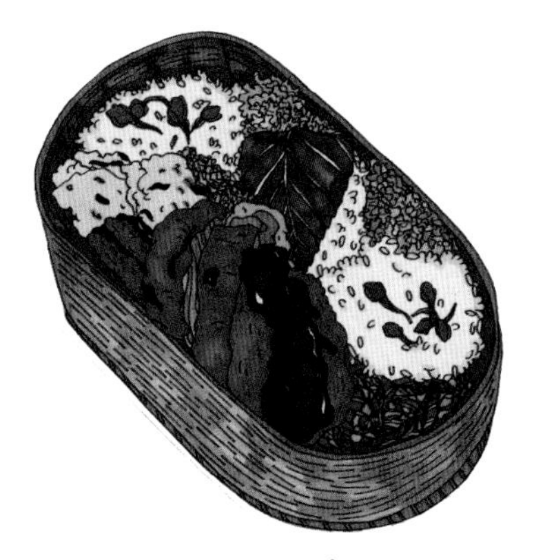

花见便当

折诘便当（折詰弁当）：白糖和盐调配出红烧重口味

在东京日本桥地区，过去有很多体力劳动者在这一带做活儿，如大正时代的日本桥鱼市等地，对这些人来说，糖和酱油味十足的便当，能够补充重体力劳动所需要的能量和体力。尤其在夏天，经由酱油和糖腌渍的食物不易腐坏，能够保存较长时间。

仅用白糖和浓口酱油调配出红褐色的浓厚光泽，是老江户坚守的传统。这样的传统流传下来，逐渐形成了江户人固有的“重口味”。

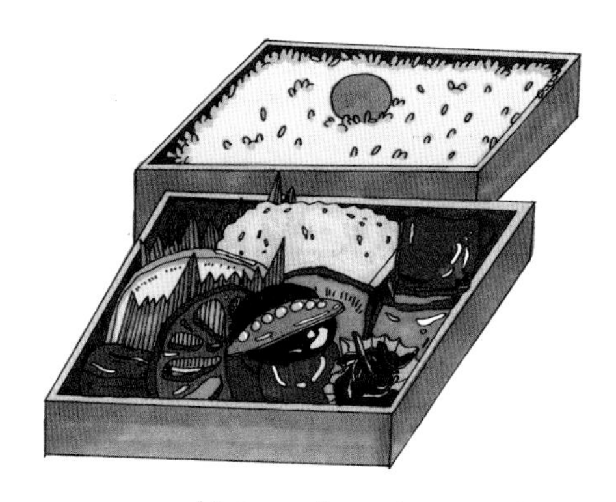

折诘便当

炸物便当（揚げ物弁）：日本国民定番美食

“炸物便当”正如其名，是以炸物为主菜，再加上一些洋白菜丝、日式泡菜、牛蒡丝等小菜的便当。在炸物便当中，最有人气的当属炸鸡块便当了。炸鸡块是便当菜的“定番（基本款）”，堪称日本的国民美食，在家庭、居酒屋或小食堂，都同样是不可或缺的一道菜。

炸鸡块被列在每个日本主妇的家庭常备菜单上，每家都能做出独属的家庭味道。炸物便当的基本菜单中除了炸鸡块之外，还有主菜为炸猪排、天妇罗等的样式。

定制便当（仕出し弁当）：兼顾配色和营养的妙趣韵味

在所有的便当专门店中，有一种专门经营定制便当的店，为一些团体、单位，或是集体出游、开会等场合定制集体便当，有时家里遇到贵客上门或是值得庆祝的日子，也会准备这种十分奢华的定制便当。

在这种便当盒边长仅有几十厘米的定制便当中，囊括了 20 多种山珍海味陆鲜时蔬，除了营养上的考量，还给食客们带来了食物独具的美感。便当配色集齐黄、红、绿、白、黑五种颜色，食材的大小形状各有不同，在装盒时营造出高低错落、富于变化的视觉效果。

卡通便当（キャラ弁）：为孩子制作的可爱便当

妈妈为孩子做的可爱的卡通便当，不仅味道好吃，看起来也非常有趣。如今，便当已经成为妈妈们秀出一手好厨艺的战场，她们利用各种食品原料，将便当制成卡通人物或超级英雄的形象，认为这样能提起孩子对食物的兴趣。

现在还出现了许多做便当的模具，比如爱心、猫耳、兔子、小熊等形状。妈妈们把海藻、芝麻粒、火腿肠等便于造型的食材，装饰在便当的白米饭上，创造出别致的设计。现在为做出一个卡通便当，要花掉妈妈们个把小时的时间。之后她们习惯把其中最好的作品拍照，上传到社交网络或者个人博客上。

日本便当历史漫谈

白雪薇 | text
Wiki Commons | photo courtesy

当我们在谈论便当时，我们究竟在谈论什么？

如今已经成为日本文化符号之一的“便当”二字，最初其实是来自中国南宋时代的俗语“便当”，初传到日本时，也被写作“便道”“辨道”“辨当”等。日本的工具书《大辞泉》中对“便当”的解释是：①外出时携带的食物。②料理店等场所出售的装在盒子里的主食和副食。词典的解释总是冷冰冰的，日本的“便当”其实见证了自平安时代以来这个民族的众多变迁与发展，承载着深切的情感与文化。

平安时代·干饭便当

日本便当的历史，可以追溯到平安时代。当时有一种叫作“顿食”的饭团，是用糯米蒸成的椭圆形大个饭团。除此之外，还有经过加工之后再干燥的米饭，即“干饭”。干饭可以放在小盒子里保存，拿出来就能直接食用，也可以放到水里简单地煮一下。“干饭＋小盒子”作为可以携带的干粮搭配，逐渐推广开来。

在丰臣秀吉生活的安土桃山时代，干饭便当更是在战争中发挥了重要的作用，每人都会携带一些干饭便当作为口粮，随时补充体力。这时还出现了用开水泡饭的吃法，从此，出征的士兵再也不用啃干饭团了。

江户时代·幕间便当

一提起饭团，人们大多会想到海苔饭团。这种经由海苔包裹、营养又不黏手的团子，也正是起源于江户元禄时期。江户时代是日本封建统治的最后一个时代，城市发展得更加繁荣，人们也不再满足于只是为了填饱肚子的便当。精致高雅的上层人士，把便当推向更符合这一阶层特点的方向，出现了更为雅致的便当形式。便当开始变得注重精神享受和文化格调，也更多地融入一些社交文化活动中，比如“腰便当”（游览、观光时所带的便当）和“幕间便当”（欣赏能乐、歌舞伎的人们在幕间休息时食用的便当）。

江户时代还出现了许多关于便当的书籍，这些书籍教给人们在传统节日或者赏樱花时，该制作哪些便当以及如何制作。便当已经不再局限于简单的食物功能，而是拥有了更多的文化内涵。

浮世绘画家歌川广重所绘《江户名所•御殿山花盛》，人们携花见便当、酒、茶去赏花。

歌川广重所绘的另一幅江户时代的花见场景《江户自慢三十六兴·东睿山花盛》，画面右侧能看到当时的花见便当。

明治时代·腰便当、铁路便当

明治时期的人们逐渐从家庭中走出，或去工厂上班，或做专业职员，但当时单位和学校还没有提供饭食，餐馆、饭店也较少，人们大多自带“腰便当”当作工作午餐，形态也由过去的考究变得质朴起来，因为要能快速满足人们因劳动而空空如也的胃。由于明治维新时期十分注重对西方文化的吸收和借鉴，还出现了不少类似于三明治的西式便当。

除了自带便当，铁路便当也在这个时期出现了。据说第一份铁路便当诞生于明治 18 年（1885 年）7 月，在上野至宇都宫之间的铁路开通之时，由宇都宫一家名为“白木屋”的店率先开卖。第一份铁路便当把一人份的食物（两个饭团和萝卜咸菜），用竹子皮包起来贩售。

现在，铁路便当已有至少 2000 个品种，还有诸多专门介绍铁路便当的杂志、漫画和影视作品，在樱井宽的漫画《铁路便当之旅》中，主人公大介就乘坐火车不断邂逅新的美食，现实中甚至真的有人为了品尝铁路便当而周游全国。

昭和时代·速食便当

19 世纪 70 年代，24 小时便利店在日本迅速普及后，速食便当就成了便利店的主打商品之一。在便利店买的便当，可以用店里的微波炉加热。热乎乎的各色便当，填饱了许多人深夜里饥肠辘辘的肚子。这个时代不仅有商业超市的速食便当，还出现了可以打包带走的便当专门店，他们会在居民楼下开店，在超市里设置专门销售便当的柜台，还为一些企业、集会提供外送服务。在城市的中心地带、学校、写字楼等地段，也会有一些小屋台售卖便当，一份热乎乎的便当变得十分常见。

从 80 年代起，便当开始成为一个产业，便当的制作工厂、作坊遍布日本，有的甚至开启了 24 小时工作制。便当行业在为人们制作美食的同时，还顺便解决了大量的就业问题。

平成时代·家庭手制便当

当今日本的快节奏生活，使得绝大多数的企业和学校中午只有一个小时休息时间，所以更多的人喜欢买一份便当，或者从家里带一份爱妻便当或母亲手作便当。现在大部分的速食食品要么热量太高，要么含有各种添加剂，这些都令人们感受到手作便当的好处。

家庭手制的每一份便当，都倾注了女主人的情感。为了令打开便当的人能够会心一笑，怀着愉悦的心情享用午餐，如今的便当都被做得像艺术品一样精致且充满创意。便当的形式也会因人而异，比如 2005 年开始流行起来的卡通便当，就是专为小朋友而制作，妈妈们会将食材做成动漫中常见的卡通形象，以提起孩子对各种食物的兴趣，改善挑食的状况。

家庭手制便当也更讲究营养的均衡搭配，并且使用低糖、低油、少盐、高纤维的合理组合。一份看似简单的便当，其实承载着数不尽的用心。

明治 35 年（1902 年）的铁路便当贩售场景。

日本便利店里的微波炉速食便当。

Features
Regulars

带着便当去远方

野孩子 | text & photo

最早开始对便当有着别样的情结，居然不是因为吃到一款特别的便当，而是在吉本芭娜娜的《厨房》里，看到女主人公在满月的夜晚，不远千里送给男主人公的一碗“丼”（日式盖饭）。

那个时候，我忽然意识到食物有时有着超出食物本身的意义。我特意买过吉井忍的《四季便当》，除了能看见一个女人对于自己家庭的温柔心意，更能在她的食谱里窥见日本的春夏秋冬。去台湾的时候，搭乘火车下台南，也一定会在路上买好台铁便当，大口吃着猪排的时候，心中更确定地知道自己正在异乡的旅行中。所以，哪怕辞职后自己创业，我也偶尔会为自己制作午餐便当。用餐时，享用的不仅仅是舒服安心的食物，还是一段借由食物营造的风景。

便当根本无须拘泥形式，不是只能白饭加上隔夜菜，饭团、寿司、意大利面、咖喱饭、拉法卷、汉堡、沙拉、墨西哥玉米卷等都可以。只要自己能想到，几乎每种食物都可以成为便当食材，而每种便当都会带给自己不一样的心情。

现代人对“远方”总是说得过多，仔细想想，其实也并没有那么难以到达。“远方”并不是绝对的空间距离，有时候，只是在心理上的某个瞬间，我们感到暂时远离了糟糕的现实。这个瞬间可以是来自一本书、一首诗、一句话，也可以是一份便当。

❶ 做好的烤鸡肉馅料。
❷ 做好的番茄洋葱莎莎酱。

墨西哥鸡肉玉米卷便当

Time 40min ♥ Feed 1

符合便当的美味健康以及简单快手的原则，如果有现成的墨西哥玉米卷的酱汁，分分钟让你的午餐充满异域风情。我每次带玉米卷便当去工作，都觉得在工作中享受了一次非常短暂而刺激的味觉之旅。

食材 ◇◇◇◇

去皮鸡腿肉 ······ 250克
盐、黑胡椒粉 ······ 少许
橄榄油 ······ 1/2大匙

番茄洋葱莎莎酱用 ◇◇◇◇

圣女果（切丁） ······ 5~6个
洋葱（切丁） ······ 1/4个
香菜（切碎） ······ 一把
小葱（去除葱白后切碎） ······ 1根
柠檬（榨汁） ······ 1/2个
玉米饼 ······ 3~4个
牛油果（切丁） ······ 1/4个
煮熟的玉米 ······ 1/4杯
樱桃萝卜（切片） ······ 1个
墨西哥辣椒酱（可选） ······ 适量
酸奶油（可选） ······ 适量
柠檬角 ······ 适量
弗雷斯克奶酪 ······ 适量
（也可以用里科塔奶酪或菲达奶酪等淡味奶酪替代）

酱汁用 ◇◇◇◇

盐、黑胡椒粉 ······ 1/4小匙
橄榄油 ······ 1/2大匙
孜然粉 ······ 1/2小匙
红辣椒、大蒜粉 ······ 1/4小匙
酱油 ······ 1/2大匙
蜂蜜 ······ 1/2大匙

做法 ◇◇◇◇

① 烤箱预热到 180°C，烤盘上铺铝箔纸备用；鸡肉用盐和黑胡椒粉腌制 10 分钟。

② 平底锅中倒入橄榄油，中高火加热，放入腌制好的鸡肉，煎至鸡肉表面变成棕色，每面约需煎两分钟左右。然后将鸡肉放入烤盘，用烤箱烤制 15~20 分钟左右。

③ 烤鸡肉时，在小碗中混合酱汁的所有食材；在另外一个小碗中，混合番茄洋葱莎莎酱的所有食材。

④ 鸡肉烤完后稍微冷却，用叉子或手将鸡肉处理成鸡丝（越细越入味），再将酱汁和番茄洋葱莎莎酱与鸡肉丝混合均匀。

⑤ 将玉米饼根据包装的指示来加热，一般是入 180°C烤箱烤 3~5 分钟左右。

⑥ 在玉米饼中填入刚刚做好的鸡肉馅料，装入便当盒，撒上奶酪碎，可搭配辣酱、酸奶油等食用。

TIPS：

如果能买到现成的酱汁，就不用这么复杂的制作过程。一般按照酱汁的包装指示，将酱汁制作完成后，与自己喜欢的肉类混合，提前一晚做好肉酱第二天只需要将玉米饼和肉酱分开装入便当盒，吃的时候用微波炉将饼皮和肉酱加热，然后再组装成玉米卷，就很新鲜好吃！

自己做的便当
总能带来好心情

Kakeru | text & photo
Dora | edit

每当不知道午餐便当该做什么的时候，都会想到这两种便当：水玉波点蛋包饭便当和超大份的三明治便当。

记得看日本漫画的时候，总会被漫画中或波点或马赛克纹样的便当搭配所吸引。一直觉得黄白相间的波点蛋包饭很可爱。而三明治，则是不局限于早午晚任一时段的万能食物，包裹严实之后也很好携带，用它充当午餐，也能开启一个活力充沛的下午。三明治便当变化万千，完全可以按照自己的喜好制作任意口味，爱吃肉的可以做全肉食三明治，素食者可以做蔬菜三明治，健身的小伙伴则可以选择全麦面包，搭配丰富的蔬菜和鸡、鱼、牛肉等。

但是将三明治便当做得完美的重点在于：
如何将满满当当的配料妥帖地塞进两片吐司之中？

水玉波点蛋包饭便当

Time 1h ♥ Feed 1

食材

水玉波点蛋皮用

鸡蛋 …… 3 个
黄油 …… 适量

番茄酱炒饭用

番茄酱 …… 适量
冷米饭 …… 1 碗
洋葱、青豆、胡萝卜、口蘑 …… 各 50 克
腊肉 …… 适量

烤南瓜用

贝贝南瓜 …… 1/2 个
盐、黑胡椒粉 …… 适量
食用油 …… 适量

做法

制作烤南瓜

a. 贝贝南瓜是软糯口感的，适合烤后食用。先洗干净表皮，切片放入容器待用。

b. 研磨适量盐和黑胡椒粉，再加适量食用油，倒入容器混合均匀。

c. 预热烤箱至 180℃，将南瓜片烘烤至呈焦黄色即可。

[制作水玉波点蛋皮]

a.先烧热平底锅，用两只碗分离出一个鸡蛋的蛋白[illegible]余部分混合打匀。将蛋液搅拌均匀，放置消泡（[illegible]品光滑）。

b.在热好的锅内抹一层黄油，倒入蛋液。注意用小火使蛋液表面慢慢凝固之后，关火，翻面，用余热让蛋皮熟透。把蛋皮铺到砧板上，用大号压花模具按照你想要的成品样子抠出图案。

c.把抠好的蛋皮放回平底锅，在抠掉的部分填上蛋白。蛋白多倒一点做出来会比较好看，因为是在反面，即使溢出来也没关系。

d.待蛋白也凝固之后，将蛋饼取出盖在番茄炒饭上，挤适量番茄酱装饰。放上焯过水并拌了柠檬汁的西兰花以及腌渍藕片，并在空隙处塞上烤好的南瓜和小番茄即可。

TIPS：全程用小火，注意鸡蛋不要煎焦。

[制作番茄酱炒饭]

a.将胡萝卜、洋葱、腊肉切碎，口蘑切成一口大小。

b.将炒锅大火烧热，加入适量食用油，放入口蘑及洋葱碎爆香，之后加入青豆、胡萝卜及适量盐和黑胡椒继续翻炒。

c.加入白饭，和蔬菜混合均匀后加入番茄酱，用大火迅速拌炒均匀（试尝一下口味，如果太淡可以加盐调整），出锅。

d.将炒好的饭先盛进碗里，压实。取一个大盘，铺上保鲜膜，将碗倒扣。倒出来的炒饭上裹上保鲜膜，按照便当盒子的形状来整形。

萌萌断面三明治便当

胡萝卜沙拉食谱参考栗原晴美的胡萝卜金枪鱼沙拉

Time 30min ♥ Feed 2

食材 ◇◇◇◇◇

吐司 ………………………… 2片
沙拉酱 ………………………… 适量
绿色生食蔬菜 ………………………… 200克
鸡蛋 ………………………… 1~4个
小番茄 ………………………… 2颗

胡萝卜沙拉用

去皮胡萝卜 ………………………… 1根
红/白洋葱碎 ………………………… 100克
蒜蓉 ………………………… 1小匙
食用油 ………………………… 1大匙
白葡萄酒醋/米醋 ………………………… 2大匙
法式颗粒芥末酱 ………………………… 1大匙
酱油 ………………………… 适量
盐、黑胡椒粉 ………………………… 适量

腌渍黄瓜片用

黄瓜 ………………………… 1根
盐 ………………………… 适量

做法

1. 将全部食材处理好。

2. 制作胡萝卜沙拉：

a. 将胡萝卜去皮切丝，洋葱切成洋葱碎，大蒜处理成蒜蓉，再将三种食材混合，加入一勺食用油搅拌均匀，让胡萝卜沾满食用油（混合容器选用微波炉可加热容器）。

b. 盖上保鲜膜，微波炉中高火（600 瓦）加热 1~4 分钟，以取出后胡萝卜已断生为标准。

c. 胡萝卜取出后放入更大的容器中，加入醋、颗粒芥末酱、盐、黑胡椒粉、酱油，搅拌均匀即可。

TIPS：芥末和醋都可以选用家中已有的调味品代替，醋建议使用糙米醋，最好不使用陈醋等有颜色醋，会影响成品美感。

3. 制作腌渍黄瓜片：

a. 将黄瓜洗净切片，放入料理盆中。

b. 将适量盐与黄瓜混合均匀。

c. 将黄瓜放入腌渍容器中，压上重物，放入冰箱冷藏。

TIPS：用盐腌过的黄瓜可去掉水气，放在三明治中味道不会突兀，也不会使成品松垮不成形。

4. 取一片吐司，涂抹上你喜欢的酱汁（主要用于黏合食材和调味）。放上可生食且抗压的蔬菜，再加适量酱汁涂抹均匀。

5. 最中间位置放提前准备好的溏心蛋，左右各自放好小番茄。小番茄尽量挑选较硬的，防止切的时候碎掉。

6. 盖上胡萝卜沙拉，尽量保证中间高，两侧低的摆放方式，再铺上一层腌渍黄瓜（记得要攥干水分再使用），最后盖上抹了酱汁的另一片吐司（酱汁一面朝下）。

7. 撕开保鲜膜，将吐司平移到保鲜膜上，尽量让保鲜膜多预留出来一些，扶稳厚厚的吐司，用保鲜膜绕一圈裹紧（我一共裹了两层，防止因保鲜膜破掉而漏出食材），再用一把锋利的刀，将其对半切开即可。最后可用芝麻、海苔粉等做装饰。

TIPS：这款厚厚的三明治一定要把中间垒得高高的，才会有胖乎乎的切面。

椿荣的便当

日式豆腐沙拉牛肉便当

椿荣 | text & photo
Denise | edit

说起便当，可以联想到很多美好的关键词，对我来说，便当意味着亲情和幸福。

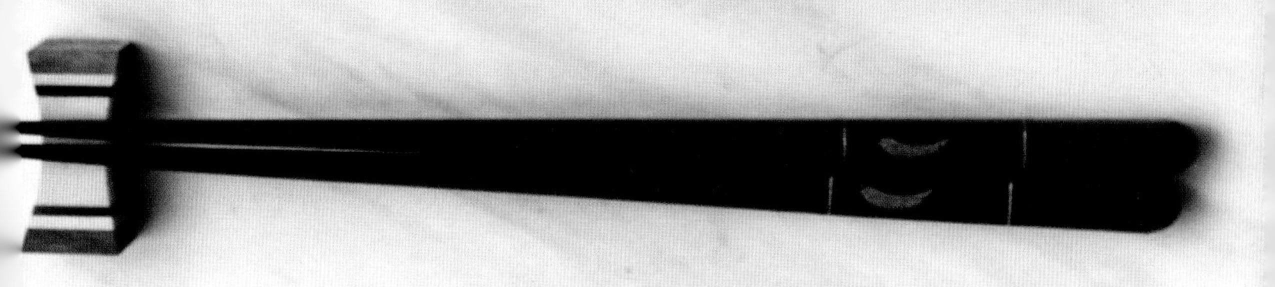

新加坡快节奏的生活导致便当文化并没有得到很好的发展（速食餐盒对我来说并不属于便当行列），因为个人职业的原因，接触到了很多与日本饮食相关的文化，在深入了解日式便当之后，竟不自觉地产生了羡慕的感觉，羡慕日本孩子拥有便当的童年，也羡慕精心准备便当的母亲。之后暗下决定，以后自己有了孩子，一定也要为他准备丰盛的、充满心意的便当。

这次制作的日式豆腐沙拉牛肉便当，是怀着给最爱的人准备食物的心情而做的，所以分量十足，营养上也比较均衡，牛肉、蛋类、鱼类、各色蔬菜等都全了，外形上看着也十分诱人。前期的食材准备略复杂，但是如果你也想给爱的人做美食的话，这次不如尝试一下这个便当，看着对方打开后惊喜的样子，自己也会觉得很幸福吧。

便当绝对不只是为图方便，更多的是心意，因为希望爱的人在外也能吃得健康安全，才会将食物“浓缩”在一个方方正正的盒子里。

Recipe

日式豆腐沙拉牛肉便当

Time 40min ♥ Feed 2

食材 ◇◇◇◇◇

牛背肉薄片 ………………………………… 250 克
中等大小的洋葱（切细条薄片）……………… 1 个
姜末 ……………………………………… 2 茶匙
小苹果泥 ………………………………… 1 个量
酱油 ……………………………………… 4 汤匙
清酒、味啉 ……………………………… 2 汤匙
冰糖 ……………………………………… 20 克
油 ………………………………………… 1 汤匙
清水 …………………………………… 200 毫升
青葱、白芝麻、黑芝麻 ……………………… 少许
鹌鹑蛋蛋黄 ………………………………… 2 个
甘蓝菜叶、苦瓜片、红姜丝 ………………… 适量
甜豌豆 ……………………………………… 4 粒
小褐菇 ……………………………………… 2 个
帕尔马奶酪碎 ……………………………… 适量
嫩豆腐（切小块）…………………………… 适量
樱桃番茄（切 4 瓣）………………………… 2 个
鱼子 ………………………………………… 少许
熟藜麦 / 蒸好的日本米 ………………… 150 克

做法 ◇◇◇◇◇

① 起油锅，牛肉片翻炒至六成熟后，倒入 200 毫升清水（或牛肉高汤），中火煮约 2 分钟，牛肉片取出后，留汤在锅中。
② 往汤锅中添加酱油、苹果泥、冰糖、姜末、味啉、清酒和洋葱片，加盖后，以中低火炖至洋葱变软后，把牛肉片放回锅中继续炖约 5 分钟。
③ 小褐菇表面均匀铺适量帕尔马奶酪碎，200°C烤约 8 分钟备用；苦瓜片和甜豌豆清洗干净后，放入冰水备用。
④ 在便当盒里留三分之二的空间，铺上煮好的米饭（或藜麦），然后将牛肉码在上面。打一个鹌鹑蛋黄放在肉的中间，撒少许青葱和白芝麻装饰。
⑤ 便当盒中剩余的空间布置：将甘蓝菜叶围起来做成配菜隔片，先将豆腐块和樱桃番茄放进去，再放入甜豌豆、苦瓜和烤蘑菇，最后码放适量红姜丝、黑芝麻和鱼子做装饰即可。

张春专栏 006

三个人，吃烤鱼

张春 | text
思文 | illustration

乐乐、阿紫、我，我们三个在一起，不能说是话很多。我们经常只是各自坐着玩手机，看书。也经常一个人在说话，而其他人并没有听。

不是那种电视里闺蜜们偎依在一起，打趣谁的男朋友或是谈论衣着和美容。说实话，想到这些我们都会觉得尴尬，只是"闺蜜"这个词都吃不消。我现在想象要是跟阿紫说"你是我的闺蜜"，她肯定以为我在说笑话，并且不捧这个笑话的场，表现出一种心不在焉的嘲弄。如果我偏要考验她，继续亲热地喊她"闺蜜"——有点不敢想。估计看着她面无表情的脸，我就会马上冷静下来。

乐乐是这样的，玩着玩着，她突然说："不然，我们以后去泰国玩一趟吧？"

我："好啊。"

阿紫仿佛没有明白"泰国"的意思，正在从记忆的汪洋大海里寻找这个词，捞起来以后，端正地往地上一摆："泰国，不错。"

一切又回归安静。

十分钟后，乐乐又抬头："诶？什么时候去泡温泉呢？"

阿紫缓缓道："温泉。"

我："好啊。"

阿紫："温泉，不错。"

我们仨在一起，通常就保持着这种跳跃的谈话节奏。一起去泰国、日本、越南，一起看电影、逛街、泡温泉、出去吃火锅，我们一件都没有做过。在一起，我们做得最多的事，就是吃烤鱼。

小刘烤鱼摊是我们经常吃的一家。虽然也算好吃，其实也并没有什么特别的，但是"今晚去你家叫个烤鱼吧"，是我们友谊之舟起航的号角。

小刘烤鱼，只是普通的烤鱼，好在可以外卖。烤鱼是用上下三个不锈钢的方盆送来，第一个里面装着烧好的鱼，第二个是烧红的碳，第三个垫在底下，里面放点凉水，防止炭盆烤坏桌子。

月亮在白莲花般的云朵里穿行，我们围坐在鱼的旁边，等鱼汤咕嘟起来。一条四斤的鱼，三个人吃正好。鱼肉一条条撕开，雅致地从鱼骨上清除，盆子里的汤轻轻冒起金黄色的泡，偶尔溅出一两个油滴。鱼反正不会变凉，盆子里有各种蔬菜一起煮着，也没有好吃到成为需要火急火燎下咽的东西。社交需要的元素，小刘烤鱼都有了：座位集中，噪声低，时间长，谁也不要洗碗。最后，用汤拌点米饭再来一碗。最最后剩下的辣子、汤底、渣渣、鱼骨，放在院子里，阿紫家的小黑和大头两只狗会把这些舔得一点也不剩，盘子雪亮。第二天来收盘子的小哥，会问是不是洗过了。

也有一回，我们一起看了部电影。通常是我们都看全都看过的片，比如《天下无双》和《布莱克书店》，把所有笑点一个不落地重新笑一遍，有的甚至提前先笑，到了的时候再笑一遍。那一次选了部很"丧"的《被嫌弃的松子的一生》，看完三个人号啕大哭，我说"我觉得我会这么死"，乐乐说"我可能活不到那么老"，阿紫说"她好歹还有个好侄子"。丧到家了，我们再也不看这么丧的片。

丧真是板上钉钉的东西。当时我得了抑郁症，阿紫在办离婚，乐乐得了癌症。那段时间我们发明了一个笑话经常讲：

爹，吃药了吗？

吃了，爹。

我不是你爹，我是你爷爷。

我也想不通这有什么好笑的，有什么必要每次都笑。也不是没有幻想过一起去酒吧浪，每次都因为要起身打扮而作罢。万一出门了，我们还是这样发癫可怎么办。我们的聚会也叫“老汉趴体”，顾名思义就是穿最旧最软的大 T 恤，躺着哼哼。

就算收盆子的小刘来了，也不碍事，反正只要一两句话，不用多社交。

但是小刘说：“我不姓刘，我姓王。”

那你叫小刘烤鱼？——我懒得说话，用眼睛示意道。

“对啊，怎么回事。”乐乐说。

阿紫上完厕所回来了：“什么对？”

“小刘姓王。”

“姓王，不错。”

我们仨，就这种不怎么好吃的烤鱼顶合适。阿紫的狗可能还要活 50 年可以舔盆子，泰国始终没有一起去过，我们也没有说过什么动情的话。没有那种这次不说，怕来不及说了的话。因为我们在一起的时间还会有很长，没有什么事情能把我们分开。我就不信，人生能有那么难。

FIND ME 零售名录

❶ 网站

亚马逊
当当网 / 京东 / 文轩网
博库网

❷ 淘宝/天猫

中信出版社官方旗舰店
博文图书专营店
墨轩文阁图书专营店
唐人图书专营店 / 新经典一力图书专营店
新视角图书专营店 / 新华文轩网络书店

❸ 北京

三联书店
Page One 书店 / 单向空间 / 时尚廊
字里行间 / 中信书店 / 万圣书园
王府井书店 / 西单图书大厦
中关村图书大厦 / 亚运村图书大厦

❹ 上海

上海书城福州路店
上海书城五角场店
上海书城东方店 / 上海书城长宁店
上海新华连锁书店港汇店
季风书园上海图书馆店
"物心"K11 店（新天地店）
MUJI BOOKS 上海店

❺ 广州

广州方所书店
广东联合书店 / 广州购书中心
广东学而优书店
新华书店北京路店

❻ 深圳

深圳西西弗书店
深圳中心书城 / 深圳罗湖书城
深圳南山书城

❼ 江苏

苏州诚品书店
南京大众书局 / 南京先锋书店
南京市新华书店 / 凤凰国际书城

❽ 浙江

杭州晓风书屋
杭州庆春路购书中心 / 杭州解放路购书中心
宁波市新华书店

❾ 河南

三联书店郑州分销店
郑州市新华书店
郑州市图书城五环书店
郑州市英典文化书社

❿ 广西

南宁西西弗书店
南宁书城新华大厦
南宁新华书店五象书城
南宁西西弗书店

⓫ 福建

厦门外图书城
福州安泰书城

⓬ 山东

青岛书城
济南泉城新华书店

⓭ 山西

山西尔雅书店
山西新华现代连锁有限公司图书大厦

⓮ 湖北

武汉光谷书城
文华书城汉街店

⓯ 湖南

长沙弘道书店

⓰ 天津

天津图书大厦

⓱ 安徽

安徽图书城

⓲ 东北地区

大连市新华购书中心
沈阳市新华购书中心
长春市联合图书城 / 新华书店北方图书城
长春市学人书店 / 长春市新华书店
哈尔滨学府书店 / 哈尔滨中央书店
黑龙江省新华书城

⓳ 江西

南昌青苑书店

⓴ 香港

香港绿野仙踪书店

㉑ 云贵川渝

成都方所书店
贵州西西弗书店 / 重庆西西弗书店
成都西西弗书店 / 文轩成都购书中心
文轩西南书城重庆书城 / 重庆精典书店
云南新华大厦 / 云南昆明书城
云南昆明新知图书百汇店

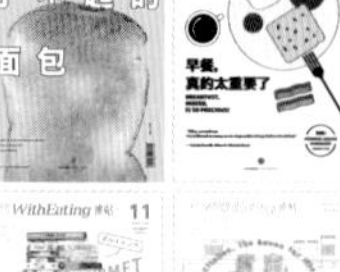

\别册：自给自足/

self-sufficient 06>>>

随《食帖》WithEating附赠

广松美佐江

我所认为的自给自足，是给自己想要的生活

Dora | interview & text
Denise、广松美佐江 | photo courtesy

在北京的第 10 年

广松很瘦，白皙，看上去是柔弱的姑娘，其实不然。

只身一人，从日本来到中国，这是她在北京生活的第 10 年。而来北京前，她还在上海生活过几年。

她的全名是广松美佐江，这五个字我曾在各种建筑住宅设计平台上见过不下 10 次，那些令人眼前一亮的住宅摄影文章末尾，总是这样写着：摄影师——广松美佐江。

1 | 2
3 | 4

❶~❷ 广松的菜园是租的，面积只有 30 多平方米，但却种植了许多作物，比如山楂、秋葵、小番茄、南瓜、茗荷、罗马生菜，还有各种香草。
❸~❹ 今天的午餐，就要用到广松刚从菜园采摘的薄荷与茴香。

不过，广松说她大学时读的其实是平面设计，“我喜欢到处玩，喜欢旅行。平面设计的工作却是大部分时间都坐在电脑前，做了一段时间后，发现并不适合自己。我就想，有什么工作是可以到处走动的呢？哦，摄影师可以！”从事平面设计工作培养的审美功底，加上一直将摄影作为爱好，广松的这次转行十分顺利。

翻看广松的微信朋友圈，见她最常分享的就是小菜园最近又结了什么果，昨天又烤了什么面包，北京今天的天气怎么样，有时候还有“咖啡”的近照，咖啡是她养的一只 10 岁的金毛犬。有时深夜一两点，看到广松发了一条朋友圈，似乎正在揉面做面包。这种生活状态，想来是自由职业吧？没想到的是，她和朋友早就自行创业，一起经营着一家公司。而深夜做面包的时候，往往都是因为要加班工作，恰好可以等待面包发酵。

广松的小家，
当真是麻雀虽小，五脏俱全。

广松常常自己烤制面包，且欧包较多。每次烤好一个，能吃许多天。如果不切开的话，她就会直接将面包室温保存，上面盖一块布，防止面包表皮变干。

“现在已经清闲多了。刚来北京时的那份工作非常可怕，也是做摄影，每天凌晨两三点睡，早上又必须早早起来去上班，四五年间每天都只睡几个小时，私人生活几乎为零，休息是奢侈，更别提种菜做饭烘焙。有一天终于受不了了，正好朋友有一起创业的打算，便辞职了。”辞职后，广松就开始自学烘焙。大约也是那时，她搬去北京市郊，买下一间仅 27 平方米的一居室，全部自己动手改造。又租了一块小菜地，种些在日本很常见，但北京却不太容易买到的蔬菜，比如茗荷。就这样，她开始了半自给自足的生活。

广松做饭很好吃，尤其擅长烘焙面包。“比起成果，我想我更享受做面包的过程，揉面，等待发酵，这个过程让我放松。”广松说。

自己一手打造的家

不知是做过很多住宅摄影工作的影响还是个人兴趣使然，广松一手打造的这个小家，可以说是超小户型改造的典范。设计之初，爱下厨的广松就知道厨房空间不能小，于是，家中一进门的大部分空间，都被做成开放式厨房。厨房的对面是浴室，在空间极小的情况下，原以为广松会将浴室空间尽可能缩小，只安置最基础的淋浴设备，但事实上，广松竟然还在浴室里安置了一个美貌优雅的狮脚浴缸。和厨房一样，浴室也是开放式，做了约 25 厘米高的地台，以此与其他区域划分开。开放式浴室的地台，也是咖啡最常待着的地方。“浴室壁砖是我一块块亲手粘贴的”，广松自豪地说。

这间屋子里最厉害的改造，莫过于床与工作区域的设计。床下安装有滑轮，可以推拉和固定，床上部安装了整面木台面，底部中空，正好可以在白天藏入一张床，而结实的木制台面，则成了广松白天的工作活动区域。用餐时，还可以将木台下的床拉出一截，刚好是一张双人沙发的大小，前面再支起随时可组装、拆卸的桌子，就可以享用多人午餐。夜晚时，将木台下的整张床拉出即可入睡。

房间的平面面积非常小，垂直空间就更要好好利用。广松在房间上方安装了很多块结实的棚板，用来在其上收纳和储存一些不常用的物件，也用来挂晾衣物。

厨房里也安装了多块墙壁收纳板，整齐地摆放着广松从世界各地收来的杯具和茶匙等。料理台多采用推拉、滑动设计，垃圾箱和操作台都可以滑入料理台下方，平时隐藏，需要时拉出即可。而炉灶旁不远处，就是日常活动区域的木台面和床。也因如此，广松虽喜爱中国菜，却极少在家里做，常常做的都是少油烟的日式食物或西餐。

就在这样的一间小厨房里，广松只花一小时，做出了一顿异常丰盛的三人午餐，其中多数蔬菜和香草，都来自她自己的小菜园。

1 | 2
3 | 4
5

❶~❷ 除了菜园，广松也在自己家里种了一些简单的香草和豆苗等。❸ 房间里还有许多让日子过得更浪漫的物品，从种种细节里，看得出广松是个很热爱生活的人。❹ 咖啡正待在它最喜欢的角落，看着广松在厨房忙碌的背影。❺ 广松自制的罗勒青酱。

除了莳萝酸奶油煎鲑鱼和越南风味梨子沙拉，广松还煮了她爱喝的南瓜浓汤。冬天里喝上一口热乎乎的浓汤，幸福感一瞬间从脚底升起。

莳萝酸奶油煎鲑鱼

Time 30min ♥ Feed 3

食材 ◇◇◇◇

鲑鱼 ………… 3 块
酸奶油 ………… 300 克
莳萝 ………… 适量
柠檬汁 ………… 少许
洋葱 ………… 适量
椰子油 ………… 2 大匙
海盐、黑胡椒粉 ………… 适量

做法 ◇◇◇◇

❶ 将洋葱切丝，莳萝撕碎；锅内加入一大匙椰子油，烧热后加入洋葱丝，炒软后盛出待用；放入鲑鱼，两面各煎一分钟。

❷ 将洋葱加回到锅中，放入煎至半熟的鲑鱼，撒适量盐和黑胡椒粉，加入莳萝碎，淋少许柠檬汁，盖上锅盖，放入烤箱，于 180℃烤制 15 分钟即可。

❸ 莳萝酸奶油酱做法：将莳萝碎、酸奶油酱、柠檬汁搅拌混合均匀即可。

❹ 鲑鱼上桌后，可搭配莳萝酸奶油酱食用。

越南风味梨子沙拉

Time 30min ♥ Feed 3

食材 ◇◇◇◇

盐煮鸡胸肉 ………… 1 块
小番茄 ………… 适量
梨子 ………… 半颗
木耳 ………… 少许
核桃仁 ………… 适量
新鲜薄荷叶 ………… 适量
香茅 ………… 半根
茗荷 ………… 1 个

调味汁用

鱼露 ………… 5~10 毫升
盐、黑胡椒粉 ………… 适量

做法 ◇◇◇◇

❶ 将梨子切小块，小番茄切半，木耳切丝，香茅切段，盐煮鸡胸肉撕成丝，茗荷切丝，核桃仁掰碎。

❷ 将 ❶ 中处理好的食材和薄荷叶拌在一起，淋上适量鱼露，撒少许盐和黑胡椒粉，搅拌均匀即可。

保存食：用时间凝固的美味

赵圣 | edit
Ricky | illustration

Salt 盐腌法

将盐作为配料腌渍，是比较常见的食物保存方法。高浓度的盐分可以帮助食材析出自身水分，抑制微生物生长，达到延迟食物腐坏的目的。常见的雪菜、咸蛋、传统中式腌菜等食物，大多采用这种方法制作而成，一些地区还有用盐腌制豆腐的习惯，吃起来也别有一番风味。

Sugar
糖腌法

糖与盐在腌制时的作用大抵相同，都是通过提高液体浓度，减缓食物的变质速度。除了将水果切块，浸入糖水中腌渍做成罐头外，也可与糖熬煮、脱水后制成蜜饯或果酱。对于桂花、香草豆荚等有着特殊香气的食材，也可以与砂糖一起逐层叠加，储存在密封罐中，制作成调味糖，除直接食用外，也是制作甜品的绝佳配料。

Vinegar

醋腌法

具有独特酸味的醋，是一种天然弱酸，不同国家在保存食物时均广泛使用。醋类一般用于腌制块状蔬菜，如西式泡菜、德式酸黄瓜等。醋的加入，让蔬菜兼具开胃效果的同时，还增加了爽脆感。与水果一起腌制成的果醋，也越来越受到人们的青睐。

Alcohol

酒精腌法

通过酒精浸泡的食材在储存过程中会发生一系列化学反应，并产生香味物质，增加醇厚口感。除浆果外，香料、咖啡豆都可用酒精腌制保存。

Oil
油腌法

油是绝佳的“隔绝空气”物质，通过“油腌法”制作的食物，一般可保存 4 周至 6 个月不等。将食材经调味后浸入油中保存即可，油渍樱桃番茄就是最典型的油渍保存食物。

Dry
干燥法

干燥是比较古老的食物保存方法。细菌与微生物大多需要水分维持生长，食材在阳光或通风环境下，通过自然风干，能够有效减少自身水分，加之重量减少，也更便于携带。如游牧民族制作的风干肉类、沿海地区居民晾晒的海味干货、从国外传入的咖啡等，这些食物仍然遵循古法，通过自然的力量，保留着独特的滋味。

Smoked
烟熏法

烟熏法是另一种遵循脱水原理的食物保存方法。一般制作时将肉类悬空，通过木材燃烧产生的烟将食物熏干，并在食物表面形成可以抑制细菌生长的物质，达到防腐目的。猪肉、鸡鸭、鱼类，都是可以通过烟熏法保存的常见食物。

Freezing
冷冻法

这是一种较为现代的保存方法，主要通过控制温度，降低动物类食材中酶的活性，达到延长鲜度的目的。因为冷冻及时，食物本身并没有发生太大变化，温度相对恒定的环境，也使保存期加长。除肉类外，一些酱料、高汤等液体食物也可装入冰格冷冻。

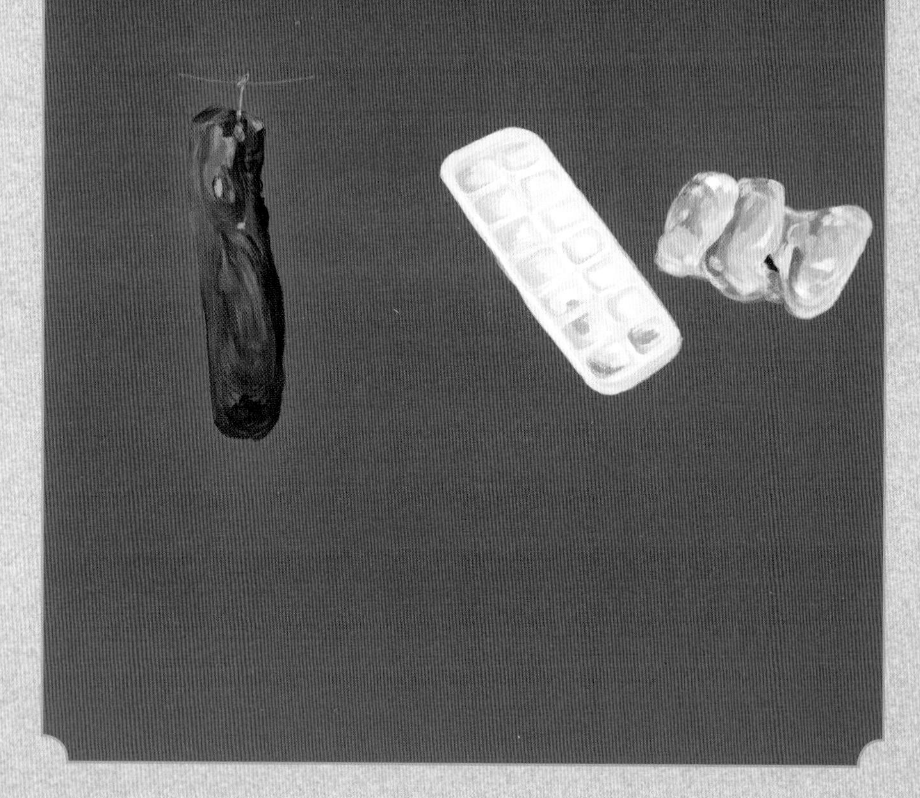

Seal up

密封法

尽可能减少与空气中微生物的接触，是密封法保存食物的根本要义。制作好的食物存放在密封的罐状容器中，或借助机器制成真空包装，是最普遍实用的提高储存质量的方法。

self-suffi-
cient
SUPPLEMENT
06